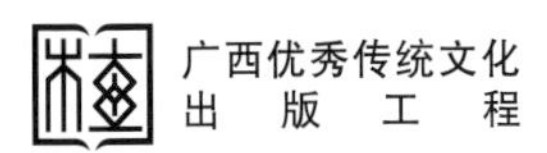

"自然广西"丛书

植物王国

吴双　著

广西科学技术出版社
·南宁·

图书在版编目（CIP）数据

植物王国 / 吴双著 . —南宁：广西科学技术出版社，2023.9
（“自然广西”丛书）
ISBN 978-7-5551-1987-6

Ⅰ . ①植…　Ⅱ . ①吴…　Ⅲ . ①植物—广西—普及读物　Ⅳ . ① Q948.526.7-49

中国国家版本馆 CIP 数据核字（2023）第 172729 号

ZHIWU WANGGUO

植物王国

吴　双　著

出 版 人：梁　志
项目统筹：罗煜涛
项目协调：何杏华
责任编辑：马月媛　盘美辰
装帧设计：韦娇林　陈　凌
美术编辑：韦宇星
责任校对：苏深灿
责任印制：韦文印

出版发行：广西科学技术出版社
社　　址：广西南宁市东葛路 66 号
邮政编码：530023
网　　址：http：//www.gxkjs.com
印　　制：广西昭泰子隆彩印有限责任公司

开　　本：889 mm × 1240 mm　1/32
印　　张：7
字　　数：151 千字
版　　次：2023 年 9 月第 1 版
印　　次：2023 年 9 月第 1 次印刷
书　　号：ISBN 978-7-5551-1987-6
定　　价：38.00 元

总序

江河奔腾，青山叠翠，自然生态系统是万物赖以生存的家园。走向生态文明新时代，建设美丽中国，是实现中华民族伟大复兴中国梦的重要内容。

进入新时代，生态文明建设在党和国家事业发展全局中具有重要地位。党的二十大报告提出“推动绿色发展，促进人与自然和谐共生”。2023 年 7 月，习近平总书记在全国生态环境保护大会上发表重要讲话，强调“把建设美丽中国摆在强国建设、民族复兴的突出位置”，“以高品质生态环境支撑高质量发展，加快推进人与自然和谐共生的现代化”，为进一步加强生态环境保护、推进生态文明建设提供了方向指引。

美丽宜居的生态环境是广西的“绿色名片”。广西地处祖国南疆，西北起于云贵高原的边缘，东北始于逶迤的五岭，向南直抵碧海银沙的北部湾。高山、丘陵、盆地、平原、江流、湖泊、海滨、岛屿等复杂的地貌和亚热带季风气候，造就了生物多样性特征明显的自然生态。山川秀丽，河溪俊美，生态多样，环境优良，物种丰富，广西在中国乃至世界的生态资源保护和生态文明建设中都起到举足轻重的作用。习近平总书记高度重视广西生态文明建设，称赞“广西生态优势金不换”，强调要守护好八桂大地的山水之美，在推动绿色发展上实现更大进展，为谱写人与自然和谐共生的中国式现代化广西篇章提供了科学指引。

生态安全是国家安全的重要组成部分，是经济社会持续健康发展的重要保障，是人类生存发展的基本条件。广西是我国南方重要生态屏障，承担着维护生态安全的重大职责。长期以来，广西厚植生态环境优势，把科学发展理念贯穿生态文明强区建设全过程。为贯彻落实党的二十大精神和习近平生态文明思想，广西壮族自治区党委宣传部指导策划，广西出版传媒集团组织广西科学技术出版社的编创团队出版“自然广西”丛书，系统梳理广西的自然资源，立体展现广西生态之美，充分彰显广西生态文明建设成就。该丛书被列入广西优秀传统文化出版工程，包括“山水”“动物”“植物”3 个系列共 16 个分册，“山水”系列介绍山脉、水系、海洋、岩溶、奇石、矿产，“动物”系列介绍鸟类、兽类、昆虫、水生动物、远古动物、史前人类，“植物”系列介绍野生植物、古树名木、农业生态、远古植物。丛书以大量的科技文献资料和科学家多年的调查研究成果为基础，通过自然科学专家、优秀科普作家合作编撰，融合地质学、地貌学、海洋学、气候学、生物学、地理学、环境科学、历史学、考古学、人类学等诸多学科内容，以简洁而富有张力的文字、唯美的生态摄影作品、精致的科普手绘图等，全面系统介绍广西丰富多彩的自然资源，生动解读人与自然和谐共生的广西生态画卷，为建设新时代壮美广西提供文化支撑。

八桂大地，远山如黛，绿树葱茏，万物生机盎然，山水秀甲天下。这是广西自然生态环境的鲜明底色，让底色更鲜明是时代赋予我们的责任和使命。

推动提升公民科学素养，传承生态文明，是出版人的拳拳初心。党的二十大报告提出，“加强国家科普能力建设，深化全民阅读活动”，“推进文化自信自强，铸就社会主义文化新辉煌”。“自然广西”丛书集科学性、趣味性、可读性于一体，在全面梳理广西丰富多彩的自然资源的同时，致力传播生态文明理念，普及科学知识，进一步增强读者的生态文明意识。丛书的出版，生动立体呈现八桂大地壮美的山山水水、丰盈的生态资源和厚重的历史底蕴，引领世人发现广西自然之美；促使读者了解广西的自然生态，增强全民自然科学素养，以科学的观念和方法与大自然和谐相处；助力广西守好生态底色，走可持续发展之路，让广西的秀丽山水成为人们向往的“诗和远方”；以书为媒，推动生态文化交流，为谱写人与自然和谐共生的中国式现代化广西篇章贡献出版力量。

“自然广西”丛书，凝聚愿景再出发。新征程上，朝着生态文明建设目标，我们满怀信心、砥砺奋进。

发现八桂植物珍宝

走进广西的叠翠青山

感受植物王国的生机盎然

微信/抖音扫码

探索植物王国

短视频讲解本书内容 快速获取核心观点

认识植物百科

看科普视频，了解植物生长特点

发现奇花异草

认识广西珍稀植物 培养保护生态环境意识

拓宽阅读视野

出版社品质好书推荐 完善你的知识地图

目录

微信 / 抖音扫码

综述：一方水土一方植物

谚语“一方水土养一方人”是说特定的环境会造就特定的人才。其实“一方水土”还养“一方植物”，因为在特定的地理环境内，只有“服水土”的植物才可以自由自在地生长，这是“物竞天择，适者生存”的自然法则。

广西位于祖国南部，北接南岭山地，西延云贵高原，南临北部湾，地势西北高、东南低，境内山地、石山、丘陵、盆地、平原和海岸线等地形地貌齐全。北回归线横贯东西，南北气候有明显差异，构成了绿色植被中物种不尽相同的生态系统。

广西已知的高等植物有9494种，占全国总数的23.02%，排名全国第三，仅次于云南和四川。广西有国家重点保护野生植物332种（其中一级重点保护33种，二级重点保护299种）。在《国家重点保护野生植物名录》中，一级重点保护的野生木本植物有桂北的银杉、资源冷杉、元宝山冷杉、红豆杉和焕镛木，桂南的广西火桐、膝柄木、望天树、广西青梅和各种苏铁等；野生草本植物有中华水韭、暖地杓兰和飘带兜兰、小叶兜兰

银杉

等多种兜兰。二级重点保护的野生植物有金花茶、伯乐树、掌叶木、马尾树、狭叶坡垒、瑶山苣苔等，它们都是广西植物界中的明星物种。

掌叶木仅分布于广西与贵州接壤地区的石山上

金花茶是中国特有的“茶族皇后”

广西石灰岩裸露面积占全区总面积的40%，地表既有以桂林山水为代表的峰林平原，还有以大化七百弄为代表的峰丛洼地；有时候同一个峰丛的环境差异，即可成就苦苣苔科及蜘蛛抱蛋属等科属物种的演化。地下有众多的暗河水系，流出地面就成了类似靖西鹅泉河、都安澄江的汩汩流水，滋养出广西特有的靖西海菜花等水车前属物种以及天南星科旋苞隐棒花的不同变种。

广西有长达1600千米蜿蜒曲折的海岸线，从合浦山口到东兴北仑河口，共有9617多公顷的自然红树林、城市红树林和沙生红树林。红树林占地面积位居全国第二，美化了北海、钦州和防城港三市的海滨。这道海岸绿色长城，不但为台风频现的北部湾海岸固沙护堤，也为生存于潮间带的各种动物提供庇护。红树林是热带、亚热带海岸特有的生态系统，广西是我国拥有这种自然资源的南方省区之一。

植物界自藻类开始，经过苔藓、蕨类、裸子植物到被子植物，从简单到复杂、从低级向高级演化。广西的植物种类林林总总，形形色色，每种植物都在特定的生态系统中占有自己的生态位。龙脑香科乔木在树林中鹤立鸡群，高数十米；川苔草科小草贴着石头潜伏水底，身不盈寸。杜鹃花科种类繁多、花色缤纷；银杏树单科单种、扇叶独有。不管木本草本、陆生水生，无论种属大小、植株高矮，它们都是生物多样性中不可或缺的成员。

绿色植物通过光合作用，利用太阳能把二氧化碳和水合成有机物，并释放出氧气，为人类和动物的生存提供物质基础。人类和动物所吃的每一口食物，呼吸的每

猫儿山杜鹃

一口氧气，归根结底都来自植物。生态系统的食物链是食肉动物吃食草动物、食草动物吃植物，这是天经地义的规律。然而，植物中有一些“逆袭者”，反过来捕捉动物为食。在海边湿地、高山草甸，如茅膏菜、挖耳草这些被称为食虫植物的小草，它们以特殊的手段猎杀小动物，消化、吸收猎物的肉体，补充自身的营养。

能够进行光合作用的绿色植物是生态系统中的生产者，而天麻、蛇菰、霉草、宽翅水玉簪、水晶兰等非绿色植物的茎叶有的呈白色、有的呈红色、有的呈蓝色，唯独缺少叶绿素的绿色，因此不能进行光合作用。这些植物的根在地下与真菌共生，靠分解、吸取腐叶等死亡有机体的营养物质维持生命，被称为腐生植物。它们和真菌、细菌一样是生态系统中的分解者，将自然界中复杂的有机物分解为无机物，供生产者循环利用。

一方水土养一方植物，一方人享用一方植物。广西各族人民在长期的生产、生活中，掌握了身边各种植物在衣食住行中的特殊作用：有的可以果腹充饥，有的可以治病疗伤，有的可以保健养生，有的可以美化环境。它们已经造福祖先，还将惠及后代。

绿水青山就是金山银山，让我们珍惜并呵护广西的生物多样性，并怀着一颗好奇心，去探索八桂大地植物王国中的珍奇吧。

生长在广西沿海地带的滕柄木是中国十大濒危树种之一

伯乐树是单种属植物，主要分布于中国

南国珍树

广西夏长冬短的气候特点，喀斯特石山和丘陵山地并存的地理环境，为一些珍稀植物提供了适宜的生长条件。它们有的是热带雨林的标志物种，有的以每年正常开花结果的物候现象，表明自己是“货真价实”的本土植物。

望天树及其近亲

广西最高的植物是什么树？它在哪里？ 1975 年，科研人员在百色市那坡县百合乡清华村发现了 1 株高 63.3 米的望天树（*Parashorea chinensis*），这是当时广西已知的最高树，且这个纪录一直保持了 40 多年。

2023 年 3 月，广西林业部门的工作人员在崇左市宁明县广西弄岗国家级自然保护区内又发现了 1 株巨大的望天树。由于它生长在一个小型天坑当中，四周的石山埋没了它的身高，一直没有给人出类拔萃的视觉冲击。经过测量，此树胸径 1.3 米，高度达 72.4 米！它成为广西境内新发现的最高树，同时也是华南地区的最高树，更是中国喀斯特地区已知的最高树。

望天树是龙脑香科柳安属常绿大乔木，而龙脑香科是东南亚热带雨林的代表科之一。在中国境内发现成片野生龙脑香科植物之前，国际学术界一直不承认中国有热带雨林。20 世纪 70 年代，我国科学家分别在云南和广西发现望天树和擎天树（后来知道它们是同一个物种），为中国存在热带雨林提供了铁证。望天树对中国热带植物区系研究具有重要意义，在植物界德高望重，理所当然被列为国家一级重点保护野生植物。

望天树是因为人们仰望它时有高耸入云的感觉而得

百色市那坡县百合乡清华村的望天树高63米（彭定人　摄）

名，仅分布于云南南部、东南部和广西西南部。广西境内的望天树零星分布于那坡、田阳、宁明、龙州、大新、隆安、大化、巴马等地。望天树树干挺立笔直，树冠高高地撑在整片树林之上，呈现木秀于林的“大家风范”。植物要靠叶子蒸腾作用产生的拉力把水分从根部往上运输，而几十米高的望天树枝叶集中在树顶，因此有足够

弄岗保护区里的望天树高72.4米，是广西最高树（彭定人 摄）

的蒸腾拉力把水分抽到树梢。望天树正是有这样的天资，才能成为热带雨林的优势树种。

与热带地区其他高大树木一样，望天树长到一定高度之后,会由侧根发育成数块板状根,以支撑高大的树干，使其不易倒伏。望天树的叶片革质，椭圆状披针形，叶脉羽状并在叶背明显突起。花序生于叶腋或枝顶，花序

望天树的主干通直

望天树的花，有芳香

分枝处及花的基部都有成对的白色苞片，苞片直到果实成熟才脱落。花萼包裹着子房，花萼裂片5枚；花冠基部连合，花瓣5枚，黄白色，有芳香；雄蕊着生在花冠筒基部。

望天树通常在5月开花，每朵花只开半天，午后花冠便连着雄蕊纷纷脱落，如飘香的雪花，树下飘逸着白兰花香般的芬芳。3个月后，子房发育为长卵形的果实，花萼裂片随着果实的发育增大为5枚红褐色的果翅。果翅起到类似降落伞的作用，有了果翅，成熟的果实坠落时会像风车一样旋转，这样既能避免果实从高处落地时摔坏，又可以让种子随风飘得更远。

望天树的果实

龙脑香科的植物因为树干挺直，木质坚硬，是世界著名的硬木用材树种。它们的木质部含有龙脑香等不同种类的树脂和油，在东南亚地区常被采集用于制药和工业喷漆。除了望天树，龙脑香科还有两种近亲也是广西植物界的明星。

同样在那坡县百合乡，有个平坛村，在丘陵山谷的八角林之间，有一小片孤立的天然阔叶林，其中有 1 株胸径约 65 厘米、高约 38 米的大树，它是我国龙脑香科青梅属特有的物种——广西青梅（*Vatica guangxiensis*）。

广西青梅与我们食用的水果青梅毫不相干，它是热带沟谷雨林的上层树种。由于昔日过度开荒种植经济林，在平坛村仅幸存这一株超过 100 年树龄的广西青梅母树。它两三年才开一次花，花期 5 月至 6 月。花白色，有时淡黄色或淡红色，花瓣 5 枚，花萼裂片 5 枚，其中 2 枚可增大成果翅。果实在 8 月至 9 月成熟，种子不需要休眠，落地四五天就能发芽，但如果半个月内没有遇上湿润的环境，种子就会丧失发芽能力。广西青梅在幼苗期很容易夭折，自然繁殖成活率低，目前平坛村的这株母树脚下只有少量不超过 1 米高的幼苗，种群岌岌可危。

作为典型的热带树种，广西青梅对于中国热带区系植物分布、季雨林植物区系成分研究等具有重要的科研价值。2021 年，广西青梅从国家二级重点保护野生植物升级为国家一级重点保护野生植物。广西相关部门的科研人员已经开展对广西青梅的人工繁育和迁地保护工作，努力拯救这个珍稀濒危的物种。

在防城港市防城区和上思县的十万大山中，还生长有龙脑香科坡垒属的一个物种——狭叶坡垒（*Hopea chinensis*），它分布在海拔 600 米以下的山坡底部或沟谷、溪边的常绿阔叶林中。狭叶坡垒生长缓慢，身材没有望天树和广西青梅那么高大伟岸，一株地径 10 厘米、高 8 米的植株需要生长 30 年。如果长到

那坡县百合乡平坛村的广西青梅（彭定人　摄）

狭叶坡垒的花

地径 20 厘米、高 20 米，可能需要上百年。它的木材材质坚硬、耐腐性强，比较难燃烧，在群众的眼中属于“废柴”，这反而成为它免遭砍伐的“护身符”。狭叶坡垒树皮灰褐色或灰黑色，块状剥落；叶片近革质，披针形或长圆状披针形——这是与同属物种海南坡垒（*H. hainanensis*）的主要区别，被喻为“木中钢铁”的海南坡垒叶片为长卵圆形。狭叶坡垒的花序生于叶腋或枝顶；花瓣 5 枚，淡红色，稍扭曲状；果实卵球形，基部有 5 枚宿存的萼裂片，其中 2 枚增大成果翅。

狭叶坡垒是广西特有植物，林业部门的科研团队通过多年的努力，攻克了狭叶坡垒繁殖技术难关，使其种群数量有所增加。2021 年，狭叶坡垒从国家一级重点保护野生植物调整为国家二级重点保护野生植物。

望天树、广西青梅和狭叶坡垒虽然都有果翅，但是它们的种子一般仅在距离母树 15 至 30 米的范围内传播。所以只有通过人工干预，才能促使这些珍稀树木的种群扩大。

狭叶坡垒的花枝及果实

“大毒树”见血封喉

在崇左市龙州县八角乡人民政府对面的山坡上，耸立着 1 株胸径近 2 米、高超过 20 米的大树，古树名木调查专家认定它的树龄约有 900 年！它有一个骇人听闻的名字：见血封喉（*Antiaris toxicaria*）。这株见血封喉的主干挺直，下半部分没有分枝，枝叶都长在上半部分，树干基部向周围伸出多块板状根，支撑着树干经历了几百年的风雨屹立不倒。它可能不是广西境内树龄最大、树形最高大的见血封喉，但是每年三四月时，其树根周围铺满从树上飘落下来的小蘑菇状的淡绿色雄花序，五六月又掉下一颗颗如手指头大的红色果实，如此高龄的老树还能开花结果，实在令人惊奇。

见血封喉的花雌雄同株

龙州县八角乡的见血封喉树高超过 20 米

见血封喉和榕树一样是桑科植物，但榕树归榕属，它们的雌花和雄花都藏在壶形的花序托内壁，花不外露，结的是隐头果。水果店卖的无花果就是榕属隐头果的代表。

见血封喉单独为一个属，它的花果与榕属植物的花果截然不同。见血封喉的花单性，雌雄同株，几十朵雄花挤在托盘状的花序轴上，轮番开放，每朵花有 4 枚花

见血封喉雄花，开花时花药弹开可以把花粉散发出去

见血封喉的果实及种子

被裂片；雌花单生于叶腋，没有花被，隐藏在被小鳞片包围的花托内，如果不是它伸出 2 枚几毫米长的淡绿色柱头，很难被人发现。开花期间，雄花序数量极大，花粉脱落如微尘飞扬，由风媒传粉，雌花的柱头如张开双臂，迎接偶然路过的花粉。授粉 2 个月后，雌花子房结成直径约 2 厘米的梨形果实，成熟的果皮呈红色，果肉呈黄色，里面有 1 粒白色的种子。

见血封喉是热带雨林的重要组成树种之一，分布于非洲及亚洲东南部热带地区，在我国仅产于海南、广东、广西以及云南南部。一些学者在划分热带与亚热带的界线时，曾以见血封喉的地理分布和生态状况作为依据，将北回归线以南能生长见血封喉的地区划分为热带地区。广西只在南宁、北海、合浦、防城港、玉林、龙州、凭祥等市县有见血封喉分布，在南部的几个市县，它每年都可以正常开花、结果，而在北回归线附近的南宁市却少见开花，这说明南宁是见血封喉分布的最北界限。

见血封喉的别名叫箭毒木，它的树皮、树枝受到创伤时，伤口会流出乳白色树液。这种树液有剧毒，如果接触到人或动物的伤口，毒素会经过血液进入心脏，引起肌肉松弛、血液凝固、心跳减缓，最后导致心跳停止而死亡。清代学者屈大均在《广东新语》中记载：“药树，状似木棉，青精液色白，见风则黑，是名药脂。土人以濡箭镞为瞑药，以射虎，虎三跃死矣。”东印度群岛的土著人曾用涂了见血封喉树液的利箭反抗英军入侵，射中即死的毒箭令英军闻风丧胆。云南傣族的先民把见血封喉的树液涂在箭头上捕猎，被射中的野兽很快就会死亡，所以西双版纳民间有“七上八下九倒地”的说法，

见血封喉的伤口流出的树液有剧毒

的见血封喉，最高大的 1 株因白蚁蛀食倒地而亡，没过几年树干就完全腐烂了。

龙州县龙州镇百农村村委会的院子里，有两株每年都开花结果的见血封喉。有村干部说，村民一直不知道这是什么树，其果实成熟变红后，总会有人好奇品尝，但从来没有发生过中毒事件。

见血封喉的果实成熟后已经没有白色的树液，按照动植物互利共生的规律，动物帮助植物传播种子，植物用果肉奖赏动物，应该不会毒害动物。但是，万一有毒的树液通过人的口腔、消化道的溃疡或伤口进入血管还是很危险的，所以我们不必做“冒死吃河豚”的尝试。

古代有“神农尝百草”的传说，最后尝到“断肠草”

见血封喉

而中毒身亡。断肠草又叫钩吻，它是世界上最毒的植物之一。过去，媒体上偶见有人误吃断肠草中毒的报道，却从来不见有人畜倒在见血封喉树下的传闻。按理说，发生见血封喉中毒有两个前提：一是见血封喉的树干、树枝受损伤流出树液，二是人或动物有裸露的伤口。当人或动物的伤口恰好与树液发生接触，且伤口的血液还要流回体内时，才会造成中毒，这种可能性很小。

尽管武侠小说和民间传说把见血封喉渲染得形如猛兽，但接触见血封喉多的人都知道它和普通树木没有什么两样。在北海、合浦，有许多树龄超过 300 年的见血封喉，它们都是以“风水古树”的身份伫立在村边地头，为村民遮阳挡雨，长期与人和睦共处！

见血封喉的果实

广西火桐遍地红

1977年6月，广西植物研究人员在靖西县湖润镇三叠岭瀑布附近的山谷里，发现了3株近10米高的乔木。它们光秃秃的枝条顶端挂满了炮仗状的红色花朵，在绿色树林的映衬下，整棵树如火焰般鲜艳。细看它的花，没有花瓣，花萼圆筒形，雌雄蕊柄伸出萼筒口，这些特征表明它是梧桐科火桐属（*Erythropsis*）的物种。由于这种树仅发现于广西靖西，被专家命名为广西火桐（*E. kwangsiensis*）。

广西火桐

火桐属的物种主要分布于亚洲和非洲的热带地区，全球共有 8 个种。中国只有 3 种，除了广西火桐，另外 2 种是产于云南省西双版纳的火桐（*E. colorata*）和产于海南省万宁市的美丽火桐（*E. pulcherrima*）。广西火桐是火桐属分布最靠北的一种，它对于研究火桐属植物区系分布及其与亚非大陆间的同属亲缘关系具有重要的价值。1999 年，广西火桐被列为国家二级重点保护野生植物，逐渐引起人们的关注。

此后，广西境内的那坡、德保、田阳、扶绥、上思、凭祥等县市也先后发现广西火桐。南宁市青秀山风景区、人民公园都引种有广西火桐，南宁市民在身边就可以见到这种广西特有的珍稀植物。

广西火桐是落叶乔木；树皮灰白色；叶片纸质，广卵形或近圆形，全缘或在先端 3 浅裂。与“梧桐一叶落，天下尽知秋”的众多梧桐科树木不同，广西火桐的叶子在冬天绿油油的，还能进行光合作用，反而在其他树木青翠葱茏的盛夏时节才开始落叶。到了 5 月，广西火桐的树枝成了“光杆司令”，让人产生“病树前头万木春”的错觉。

其实，广西火桐落叶时已经把养料储存到树干里，无叶的树枝上正在酝酿开花的事宜。6 月，金黄色或红褐色的聚伞形总状花序从枝头冒出，胶囊状的花蕾外面密被星状茸毛，花序上的花从下往上依次开放，花序轴可不断增长，花期长达一个多月。

广西火桐的花单性，雌雄同株；花萼筒长约 3 厘米。开花时，萼筒顶部打开形成三角状的 5 浅裂，内面鲜红色；萼筒底部有蜜腺，可吸引传粉的鸟类和昆虫；犹如炮仗的引线从萼筒口部伸出来的是由花托延长而成的雌雄蕊柄，它比萼筒略长。雄花的雌雄蕊柄顶端有 15 枚花药集生成头状；雌花的雌雄蕊柄的顶端有子房 5 室，心皮分离，每个心皮的顶端有 1 枚柱头。

授粉后，每个心皮发育为一个有柄的蓇葖果。蓇葖果在成熟之前开裂成扁平、叶状膜质的果皮，果皮有明显的脉纹，成熟时红色或紫红色；每个蓇葖果有种子 1 粒或 2 粒，着生在果皮的边缘。当广西火桐的花期进入

广西火桐花蕾、雌花、雄花及其解剖

尾声时，枝头开始长出新叶并迅速长大，以饱满的热情拥抱夏日炽热的阳光，似乎与生长在热带的同属植物持有相同的秉性。

广西火桐一般呈零星分布，个体数量少，属极度濒危物种，被归入我国亟待拯救保护的极小种群野生植物。2021 年，新调整的《国家重点保护野生植物名录》将广西火桐从二级重点保护野生植物升为一级重点保护野生植物。广西火桐更加受到植物研究人员的青睐，新的分布点也频频被发现：

2022 年 8 月，在云南省马关县古林箐乡和河口瑶

太阳鸟来广西火桐采花蜜，帮助传粉

族自治县南溪镇海拔 400 至 900 米的喀斯特石山地区，发现 30 株广西火桐。

2023 年 5 月，在贵州省望谟县海拔 450 至 520 米的北盘江河谷，发现正在开花的广西火桐 18 株。

2023 年 6 月，广西弄岗国家级自然保护区的工作人员通过无人机搜索，在人力不易到达的石山洼地发现了 4 株正在开花的广西火桐。

2023 年 6 月，广西大学林学院的师生在百色市田东县印茶镇发现一片正在结果的广西火桐。

在靖西市湖润镇的壮族乡村，妇女插秧收割时都要唱山歌，其中有一首流传下来的山歌与广西火桐有关："林中火木如烧山，田间农忙汗洗衫，夏日人勤收耕种，方得谷米盘中餐。"当地人把广西火桐叫"火木"，从山歌中我们可知"火木"是在炎热的农忙季节开花的，在树林中它一树的花红得好像火烧山一样。

广西火桐开花后挂果率很高，挂果一个月后成熟。

广西火桐的蓇葖果在成熟前裂开，果皮边缘着生 1 粒或 2 粒种子

广西火桐开花如同燃烧的火焰（陆仕念　摄）

其种子富含脂肪，酥香可口，种皮薄，落地前后都会成为鸟类及松鼠的美食，所以在野外人们很少见到其自然繁殖的幼苗。靖西市的林业工程师陆仕念从 1996 年开始收其集种子繁育广西火桐，经过多年的摸索，总结出经验，1998 年后陆续成功繁育了 2000 多株广西火桐树苗，并提供给广西邦亮长臂猿国家级自然保护区做生物多样性回归种植，使广西火桐成为靖西市龙潭湿地公园、南宁花花大世界等旅游风景区的绿化树种，提高了这个濒危物种的知名度。

2002 年，云南省腾冲市新华乡、团田乡、芒棒镇等乡镇也发现有广西火桐，有的植株高达二三十米。腾冲和靖西并不接壤，距离十分遥远。植物学家猜测，广西火桐在鼎盛时期可能从广西到云南绵延不绝，只是后来随着环境改变，两地之间的居群逐渐消失，仅在靖西和腾冲分别独立幸存下来。腾冲的工程师张定香潜心研究广西火桐的生长习性和育苗技术，先后育出 1400 多株广西火桐树苗，并提供给附近村民及有关单位种植，使广西火桐在腾冲得到保护和推广。

广西火桐是喜光植物，不耐荫蔽，在密林下不会开花甚至不能生长，只有冲出林冠，成为上层植被，鲜红的花朵才能热烈绽放，进入人们的视野。广西火桐过去藏在山中人未识，如今一朝出头名远扬。我国南方省区的多个植物园引种了广西火桐，而且在气候适宜的地方这些火桐已经成功开花，它就像星星之火，正在祖国各地逐渐“走红”。

广西火桐的花、果、叶

苏铁年年“花”盛开

苏铁（*Cycas revoluta*）俗称铁树，成语“铁树开花”用于比喻事情非常罕见或极难实现，这显然是北方人的见解，南方人会觉得这是少见多怪，因为在我国南方省区，10 年以上树龄的苏铁每年都可以“开花”。

在南宁植物园，有一片占地 12 公顷的苏铁园，在园里的 80 多种、2 万多株苏铁树中，有 200 多株篦齿苏铁（*C. pectinata*）被列为古树名木，其中包括 1 株树龄 1300 多年、胸径 1.3 米、树高超过 13 米的国内“苏铁王”。

正在“开花”的德保苏铁

篦齿苏铁最高可达 15 米

苏铁园里摆放了剑齿龙、霸王龙等形态各异的恐龙石雕，模拟苏铁类植物与恐龙在地球上共存时代的情景。苏铁类和蕨类植物都曾经是素食类恐龙的主要食物，白垩纪晚期恐龙灭绝时，苏铁类植物躲过了一劫；第四纪冰川末期物种大灭绝时，由于青藏高原和秦岭的天然地缘阻隔，苏铁类植物在我国西南地区再次得以幸存。

乍一看，苏铁类植物羽状深裂的叶片与蕨类植物的羽裂叶片相似，苏铁圆柱形的树干也与桫椤直立的茎干相仿，令人误以为苏铁也是蕨类植物。其实苏铁与松树、柏树、杉树及银杏一样，是会结种子的裸子植物。

常见的苏铁树干为圆柱形，叶有鳞叶和营养叶之分，鳞叶短小，褐色，密被粗糙的毡毛；营养叶从茎的顶部生出，羽状裂片达 100 对以上，条形，坚硬厚革质，先端有刺状尖头。苏铁树雌雄异株，未“开花”时难辨雌雄。苏铁和其他裸子植物一样没有花瓣和萼片，繁殖季开出的并不是严格意义上的花，没有被子植物开花时的姹紫嫣红。

每年 4 月是苏铁的球花期，雄株在树干顶端长出一个大玉米棒状的雄球花，上面螺旋状排列的盾状鳞片叫小孢子叶，鳞片背面生有众多的小孢子囊，囊内每个小孢子萌发时会产生 2 个有纤毛、能游动的精子；雌株在树干顶端长出一个半球形的雌球花，上面围聚着众多羽毛状的大孢子叶，大孢子叶叶柄两侧生有 2 至 10 颗胚珠。昆虫帮助苏铁“传粉”后，胚珠长成卵球形的红色种子，此时掀开大孢子叶，会看到里面如母鸡翅膀下保护着一窝鸡蛋一样。裸子植物的种子没有果皮包裹，苏铁的种子有外、中、内三层种皮，外种皮肉质红色，以吸引动

苏铁的大孢子叶球（雌球花）结出了种子

苏铁的小孢子叶球（雄球花）

物采食；中种皮木质，避免种子被动物消化；内种皮膜质，中种皮和内种皮在种子萌发时会裂开。

苏铁类植物广泛分布于台湾、福建、广东、广西、海南、云南、四川、贵州等省区。它们喜欢温暖、湿润、有阳光的环境，生长缓慢，寿命可长达 200 年。传说苏铁在生长发育过程中不能缺铁，如果长势衰弱，施上硫酸亚铁等含铁的肥料就可以恢复正常，或许这就是它被称为苏铁和铁树的缘故。

苏铁类植物是地球上现存最古老的种子植物，是远古植物类群的孑遗物种，是濒临灭绝的“活化石”。全世界苏铁类植物仅存 3 科 11 属 280 多种，20 世纪 70 年代以来，我国的植物学家又发现了一些新的苏铁类物种，我国目前有苏铁 1 科 1 属 20 多种，它们均被列为国家一级重点保护野生植物。

叉叶苏铁（*C. micholitzii*）于 1900 年前后发现于越南及广西龙州，它的叶长 2 至 3 米，羽状全裂；羽片之间距离约 4 厘米，每个羽片叉状分裂。

德保苏铁（*C. debaoensis*）是广西壮族自治区林业勘测设计院高级工程师钟业聪于 1997 年在百色市德保县发现的中国特有种，它的叶片三回羽状分裂，形态乍看既像蕨类也像竹子。

德保苏铁分布于德保县敬德镇扶平村世代耕作的一片狭窄的石灰岩山坡上，它的厄运随着名声接踵而来：散生于野地的植株被大量盗挖，几年间数量从 2000 多株骤减到 600 株左右，现已被列为《世界自然保护联盟濒危物种红色名录》极危等级。为了增强群众保护珍稀物种的意识，2008 年扶平村小学曾改名为“德保苏铁小

叉叶苏铁的叶片羽片呈二裂开叉状

德保苏铁的叶片三回羽状深裂

学”，由孩子们充当保护德保苏铁的义务宣传员。深圳市仙湖植物园“国家苏铁种质资源保护中心”把人工繁育的 500 株德保苏铁回归野外定植，依托保护站确保它们能够在故乡茁壮成长并“传种接代”。

叉叶苏铁和德保苏铁的叶柄都比较长，从近地面的树干直立生出，这两种多歧分叉的羽叶非常适合庭园造景观赏，而且叶子羽片多次分叉是比较原始的苏铁种类，具有更高的科研价值。

叉孢苏铁（*C. segmentifida*）的主要形态特点：雌株的大孢子叶上部顶片的侧裂片分二叉或者二裂，先端尖芒状。1984 年最先发现于贵州望谟县和册亨县，科研人员经过多年观察和研究，在 1995 年将其作为新种发表。在贵州、广西、云南三省区交界的南盘江流域地区均有分布。广西乐业县、田林县的叉孢苏铁生长于海拔 300 至 800 米的密林下或蔽荫环境，属于阴生植物。叉孢苏铁的叶型比较大，是一种良好的观赏绿化植物。

石山苏铁（*C. sexseminifera*）是苏铁科植物中的“小

叉孢苏铁的大孢子叶上部裂片二叉或二裂

个子”，树干高度多数不超过50厘米，原产于越南和中国。在广西分布于扶绥、龙州、凭祥、宁明、崇左、武鸣、田阳等地，生长在低海拔的石灰岩山地或岩石缝隙中。在自然的生长环境下，石山苏铁的树型和其他苏铁类植物一样，羽状分裂的叶片如罗伞聚生于树干的顶部。多数苏铁类植物的树干上都残留着陈年的叶柄基，而石山苏铁树干基部的叶柄基会脱落，树干膨大成光滑的球形茎。球形茎的可塑性很强，稍加桎梏就可以塑造成葫芦状、纺锤状、盘状等，因此石山苏铁常用于制作园林小景或盆景。

广西原生的苏铁属植物有11种，得益于适宜的地理环境和气候条件，生长在八桂大地的各种苏铁每年都可以“开花”结种子。南宁植物园的很多苏铁是因为不法分子盗挖而被执法部门收缴来养护的，如果没有人类的伤害，它们一定更渴望在自然环境中无拘无束地生长！

被制作成园林小景的石山苏铁

在水一方

水生植物分为沉水植物、浮叶植物、漂浮植物和挺水植物。它们可以在水下进行光合作用，但是必须在水面上开花，在空气中传粉，才能结出果实和种子。红树林本是陆生植物，在进化中被“赶”下海变成喜盐植物。

海菜花择水而生

海菜花（*Ottelia acuminata*）的名字里面虽然有个“海”字，但它并不是生长在海里的植物。它的名字起源于云贵高原，那里的人们把大湖泊称为海，比如云南大理的洱海、贵州威宁的草海。大理白族的先人把洱海中的一种水草采来食用，称之为海菜，海菜花便成了这种植物的名称。

古谚“良禽择木而栖”，意为好鸟会选择自己理想的树木落脚，海菜花也有“择水而生”的志向。它对生长环境的要求很高，必须在Ⅰ类、Ⅱ类水中生存，水体一旦被污染到Ⅲ类水质的程度，它就不能存活。环境监测工作者通过观察江河、湖泊中海菜花种群的生长情况，来直观判断水质的变化，因而海菜花又被称为“环保菜”，被喻为水质的风向标。

海菜花主要分布于云南、贵州、广西等省区，生长在一些小河、湖泊和有源泉的水潭里，是我国特有的一种多年生沉水植物。广西永福县百寿镇乌石村、鹿寨县中渡镇大兆村、忻城县古蓬镇内联村和天等县进结镇龙凤村，以及靖西市、德保县、都安瑶族自治县等喀斯特地区的河流均有海菜花的倩影，而且一年四季它们都可以开花。

海菜花要生长在洁净的水体里

永福县百寿镇距离桂林市区 70 千米，它地处天平山脉上的喀斯特峰丛洼地，比桂林市 150 米的海拔高出 120 米。这里以农耕为主，少有工业污染，洼地里的一条小河常年清澈透明，汩汩而流，干净的水质为海菜花提供了理想的栖息环境。

海菜花扎根水底，叶子和花序均从基部长出，海带状的叶子在水中顺水流飘荡。柔软的花序梗顶端是佛焰苞，佛焰苞内有很多花蕾；花序梗中间有通气道，茎叶通过通气道源源不断地向佛焰苞输送氧气，使佛焰苞可以上浮到水面，以保证其内的花朵能在水面绽放。

海菜花的花单性，雌雄异株。清晨，3 枚白色的花瓣如裙褶一样慢慢张开，花瓣基部和花蕊均为黄色。雄佛焰苞内有 50 至 60 朵雄花，每天可以开放几朵。雄花的花梗长 4 至 10 厘米，通常垂直往上翘把花撑出水面，

海菜花是沉水植物，仅花朵露出水面

雄花有 12 枚雄蕊。雌佛焰苞内有 6 至 9 朵雌花，每天开放 1 至 2 朵，由于子房下位，花梗很短，不能大角度弯曲，因此雌花一般贴着水面开放；雌花的 3 个花柱深裂后形成 6 枚柱头，还有 3 枚短小的退化雄蕊。

海菜花是虫媒植物，靠水蝇、蜜蜂甚至蝴蝶帮助传粉，等到雌佛焰苞里的几朵雌花全部开放后，雌花序梗会旋曲成弹簧状，相对缩短，把佛焰苞拖回水下，子房在水中发育成果实。纺锤形的果实里育有上百粒种子，待到种子成熟破壳而出，就可以承担繁衍后代的使命。

在 2021 年海菜花被列为国家二级重点保护野生植物之前，百寿镇的群众早已拥有保护海菜花的意识，自

海菜花雌雄异株，雌花（左）的花柱之间有 3 枚退化雄蕊

觉保护环境，把百寿河“宠”成了一个天然的生态旅游景点。随着桂林至河池的高速公路建成通车，不少游客到桂林旅游，也慕名专程到百寿镇观赏小河开花的自然美景。

靖西市有着典型的喀斯特地貌，小石山众多，清水河曲折，宛如微缩版的漓江山水，素有“小桂林”的美称。靖西境内有 20 多条源自地下的河溪，这些河溪曾经都有海菜花分布。靖西的海菜花与我国其他地方常见的海菜花有较大的形态差异，1992 年被定名为靖西海菜花（*O. acuminata* var. *jingxiensis*），属于海菜花的变种。

从外观上看，靖西海菜花给人的第一感觉是花瓣基

百寿河附近的群众宠爱海菜花

部的黄斑特别大，进一步辨别，靖西海菜花佛焰苞中的花朵数量比其他常见海菜花的要多，雄佛焰苞内有雄花60至190朵，雌佛焰苞内的雌花超过10朵。每个佛焰苞内每天可以开花的数量更多，因而靖西海菜花开花的场面比其他海菜花的更为壮观。

与陆生植物不同，沉水植物的叶片表面没有角质层，叶片可以吸收水中的营养物质，也容易被水中的污染物危害。可能某种原因使地下河水质发生了变化，从2014年开始，靖西境内各条河流的海菜花迅速减少，2016年以后，以“靖西”命名的这种海菜花在原产地几近绝迹。

万幸的是，在靖西200千米外的都安瑶族自治县也有靖西海菜花分布。都安有着世界流量最大的地下河系，澄江起源于大兴镇九顿村的地下河天窗，河水终年不断，从源头到高岭镇，大约15千米的澄江河道和两岸的水渠里，随处可见海菜花优哉游哉地飘荡，村民在海菜花旁洗衣、游泳、捕鱼。尤其是4月和10月两个盛花期，澄江河面白茫茫一片，被称为“会开花的小河”，吸引远近的游客前来观赏。

起源于都安瑶族自治县东庙乡的地苏河是广西规模最大的地下河。它是一条季节河，每年11月开始进入旱季，地下水位会下降十多米，连通地下河的天窗变成了深井。地苏河通常要断流干涸6个月，第二年5月雨季一到，七百弄山区的雨水汇入地下，地下水位上涨，并从各个天窗涌水成地苏河。有时一夜之间就可以溢满河床，河水蓝中带绿，景色秀美。河床上的海菜花种子遇水马上发芽，仅在5月至10月的汛期里，就能完成从发芽到结出种子的生命轮回。

靖西海菜花佛焰苞中的花朵数量比较多，花瓣基部的黄斑比较大

东庙乡九灵天窗是地苏河的源头之一，出水口外有一个面积达十个足球场大的河湾，当地人称其为玉龙湖。湖水流动缓慢到近乎静止，海菜花浩若繁星的花朵安卧在水面上，辉映蓝天白云；叶子和花葶在碧绿的水中直立向上，形成 3 至 4 米深的“水下丛林”；翠绿的叶子像舞台上的层层幕布，在水中发育的果实如龙爪在张扬。只有花葶长的花朵才能出水绽放，有的佛焰苞伸不出水面，只能在水下开花。

广西师范大学梁士楚教授发现，靖西海菜花比其他海菜花变种更耐污染，在Ⅲ类水质的环境中都能正常生长。不过，植物的耐受能力都是有限度的，一旦水中的氮、磷总含量超过了海菜花的耐受阈值，它就会凋敝消融。所以海菜花只能生长在地下河源头附近的河段，随着下游水中的污染物积累增多，海菜花会逐渐消失。这令人遗憾的事实反衬出海菜花对洁净水质的向往与忠诚。

都安瑶族自治县东庙乡玉龙湖的海菜花

都安瑶族自治县东庙乡九灵天窗外的海菜花水下丛林

水车前浪迹江湖

水车前属（*Ottelia*）的物种都是国家二级重点保护野生植物。这个属的植物可以分为单性花和两性花两类，为了便于区别，植物学家把花单性且雌雄异株的统称为某某海菜花，比如靖西海菜花和云南的波叶海菜花、路南海菜花；把花两性的统称为某某水车前，比如贵州水车前。最近几年，广西境内接连发现了几种水车前，但由于它们的群落比较小，所以没有海菜花那么出名。

水车前属的代表物种是龙舌草（*O. alismoides*），它分布最广，我国除西北地区外，其他省区均有分布。龙舌草与海菜花一样也是沉水植物，它的叶基生，叶片卵状椭圆形，植株有点像大家熟悉的路边小草车前，所以它的别名叫水车前。龙舌草生长于湖泊、沟渠、水塘、水田以及积水洼地，经常会被人们当作杂草铲除。

2018 年，南宁市武鸣区两江镇岜旺村的水渠里长出很多龙舌草，它的花序梗长 40 至 50 厘米，顶上单生一朵花，3 枚花瓣白色或淡紫色；雄蕊 3 至 9 枚；花柱 6 至 10 枚，2 深裂；佛焰苞包裹着子房，有 3 至 6 条纵翅。岜旺村的村民在大明山英俊大峡谷流出的清澈溪水中洗衣物，旁边有鲜花相伴，这本是一道人与自然和谐共处的美景，但第二年冬天，这里的龙舌草却被除草

南宁市武鸣区两江镇岜旺村的龙舌草

水车前属植物常生长在河溪的源头

剂“团灭”了，甚是可惜。

除了龙舌草的佛焰苞内仅有 1 朵花，水车前属其他植物的佛焰苞都有 3 朵花以上，后者的形状更像海菜花的雌株。

2015 年，桂林市的自然爱好者张滨在灌阳县文市镇王道村露营时，发现“五岭”之一都庞岭南麓下的水渠里有一种“海菜花”，它的叶片长圆形，佛焰苞和花序梗都带紫色,而且比较粗壮,和常见的海菜花有所不同。广西植物研究所研究员刘演到实地考察，发现这种长在灌溉水渠里的“海菜花”的花为两性，每个佛焰苞里有 3 至 6 朵花，雄蕊 3 枚，花柱 3 枚且 2 深裂形成 6 枚柱头，黄色；果实有 6 条棱，形成纵翅。它与已知的贵州水车前有明显区别，于 2018 年被专家鉴定为新种灌阳水车前（*O. guanyangensis*）。王道村的一位老人说，他们把这种水草叫“水灵葶”，在他小时候就有它的存在，在水渠没有硬化之前长有很多。现在的“水灵葶”只能扎根在水渠的水泥缝和有淤泥的地方，由于会影响渠道

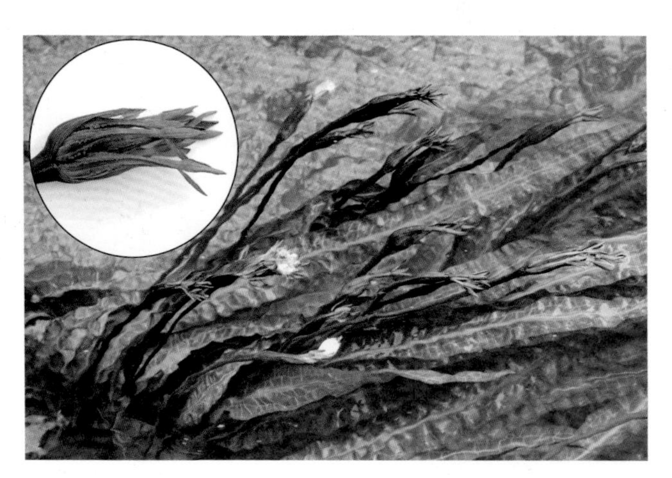

灌阳水车前的花序梗粗壮，果实有 6 条棱翅

送水，在冬修水利时它总会被人清除。

河池市凤山县县城附近的山弄里有个鸳鸯泉景区，里面有两个地下河的小天窗，相邻只有几十米。可能它们的地下水源不同，两个出水口的水潭颜色一个碧绿、一个浅蓝，当地群众称之为“公母塘”。天窗涌出来的地下河水汇成一条小溪，溪中生长有一种水车前，它的叶片长卵形，花序梗呈紫红色，每个佛焰苞内有 3 朵花，6 枚柱头纯白色；果实虽然是六棱圆柱形，但果棱并不突起形成翅。2019 年，专门研究水车前属植物的中国科学院武汉植物园李治中博士，鉴定它为新种凤山水车前（*O. fengshanensis*）。

来宾市兴宾区七洞乡古立村的石山下有一个泉眼，是周围村屯居民的生活水源，为了方便取水，人们把泉

凤山水车前的柱头纯白色，上面粘有黄色的花粉

眼围成篮球场大的水池。池底生长着一种未知名的水车前，阳光透过清澈的泉水，照得水中的叶子一片翠绿，水面上的白花等待着昆虫来传粉。清水为水车前提供理想的居所，水车前则为人们监测着水质的变化，堪称人、植物、环境三者和谐共处的典范。

2018 年 7 月至 2019 年 8 月，广西有关科研单位的植物研究人员，先后在百色市右江区福禄村、平果县（2019 年 11 月撤县设市）海城乡及河池市凤山县砦牙乡发现了水车前属的 3 个两性花植物居群。李治中到广西各地的水车前分布点进行了多次考察，发现它们的形态各不相同，花瓣有的呈心形、有的呈倒三角形，雌蕊柱头有的顿挫、有的飘逸，果实都是三棱状纺锤形。已经发表的几种水车前，每个佛焰苞通常只有 3 朵花、结 3 个果实，而这 3 个居群的佛焰苞花的数量都比较多，少的 6 至 9 朵，多的 11 至 16 朵。

李治中对这几个水车前属居群进行了分子检测，经过分析，判断它们都是凤山水车前与靖西海菜花杂交的产物。根据植物性状遗传规律分析，每个佛焰苞有 3 朵花的凤山水车前与有 20 多朵雌花的靖西海菜花杂交，产生每个佛焰苞有 10 多朵花的后代，也符合科学。至于它们算不算是新物种，还有待科研人员进一步观察和研究。

广西喀斯特地区地下水源丰富，海菜花和水车前都生长在地下河出水口附近，有些地方可以延伸到下游几百米甚至几千米。这不禁令人猜想：它们的种子是不是随着河水从地下河漂流出来的？水质优良的河溪源头到底是水车前属植物的世居之所，还是它们在颠沛流离中

平果市海城乡的水车前佛焰苞有花 10 多朵

右江区福禄村的水车前雌蕊柱头细长飘逸

偶遇的栖息地？

水生草本植物的生命比木本植物更显脆弱，水体的干涸和污染都会危及它们的生存，更何况还有人类生产、生活的持续干扰。平果市海城乡的水车前与众不同，每个佛焰苞有 10 多朵花，如果它不是生长在三面光水渠的淤泥中，2021 年冬修水利时，就不会与水渠里的淤泥一起被连根铲除。2010 年之前，贵港市港北区根竹镇郊区江口村的稻田水沟里还有水车前属的出水水菜花（*O. emersa*）存活，江口村是这个物种的唯一分布点，因为没有作专门保护，出水水菜花已经绝迹多年。

自然界中的每一种植物，前世都经历过沧海桑田的变化，今生能出现在人类面前实属不易。水车前属植物散落在各地的河溪中，或许不同地方就有不同的物种，它们的生死予夺全靠人类的认知。无知者会做煮鹤焚琴的蠢事，那谁来珍惜大自然的馈赠，让万物同生，天地共存？

出水水菜花在贵港已难觅踪迹

“椒草”水底隐花棒

水族爱好者都喜欢在大鱼缸里养一种叫“椒草”的沉水观叶植物，它的叶片柔软细长，既可装饰水景，又能通过光合作用补充水中的氧气。“椒草”在植物学中属于天南星科隐棒花属（*Cryptocoryne*）植物，也许是植物学家起的名字“隐棒花”太拗口了，水族爱好者都习惯称它“椒草”。

一种在岸上开花的隐棒花

我们常见的海芋、龟背竹也是天南星科植物，它们的肉穗花序被一枚佛焰状的大苞片包围着，花序侧露。隐棒花生长在水中，为了防止水淹花序，佛焰苞变成全封闭的管状结构，把棒状的花序隐藏起来，因此而得名。

隐棒花在秋冬季节水位降低时开花，它的开花传粉机制呈现出植物的生存智慧：花序从植株的基部长出，底部佛焰苞的膨大部分就是内含花序的管腔，剖开佛焰苞腔可以看到，花序上方的雄花排列密集得像玉米棒，中间连着纤细的轴，下方有 5 至 6 朵雌花围成一圈，心皮合生。苞腔以上是细长的佛焰苞管，通往顶上的开口。佛焰苞刚长出来的时候，檐部呈螺旋拧紧状，将管口封闭着，管口在高出水面后才会打开，让水蝇之类的小昆虫进入管内，钻到苞腔，为花传粉。

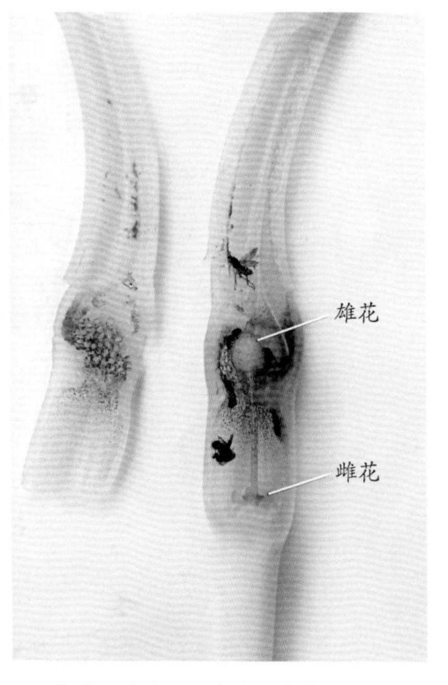

隐棒花的花序隐藏在佛焰苞管的基部，虫媒传粉

隐棒花属植物主要分布于印度及东南亚地区，共有 50 多种。我国仅广西、广东和云南三省区有分布，其中广西的隐棒花种类最多，有些甚至还没有得到鉴定和收录。

在邕宁水利枢纽 2018 年下闸蓄水之前，每到冬季，南宁市托洲大桥下面的邕江河滩上就可以找到“椒草”，它的叶柄通常埋在淤泥里，革质的叶片摊开在地面上，虽然叶片的长度只有十几厘米，但也比佛焰苞长；佛焰苞下半部分也埋在泥土中，只有上半部分伸出地面，佛焰苞管口上方的檐部变宽，有紫色斑纹，明显呈螺旋扭曲状，因此这种

南宁市邕江河滩上的旋苞隐棒花

“椒草”被叫作旋苞隐棒花（*C. crispatula*）。在柳州市鱼峰区白沙镇的柳江边、桂林市阳朔县兴坪码头对岸的漓江边都有它的踪影，由于它出现于冬季水位下降后的河滩上，所以人们又称它为“沙滩草”。

在河池市都安瑶族自治县澄江的大兴镇河段，生长着我国特有的广西隐棒花（*C. crispatula* var. *balansae*），它的叶子就像莴笋叶一样褶皱，根据水流的深浅缓急，这种隐棒花的叶子和佛焰苞的长短会有差异。在水浅的地方，佛焰苞管顶部高出水面 20 厘米就会打开管口；在水流湍急的河中央，它就会奋力伸长，佛焰苞管的长度可以超过 50 厘米，这是为了管口有“出头之日”。解剖隐棒花的佛焰苞管腔，可以看到里面有细小的水蝇。令人不解的是，隐棒花靠什么诱惑水蝇钻进狭长的佛焰苞管，水蝇是不是还要钻出去才能进行异花传粉，花序腔上方的隔片会不会妨碍水蝇逃生？

广西隐棒花的佛焰苞努力向水面生长

地苏河是都安瑶族自治县境内的一条季节性河流，每年夏季河水深 3 至 4 米，冬季地下河水位下降后会断流。在东庙乡百况村的河床上，长满了一种至今尚未命名的隐棒花。这种隐棒花叶片细长，无褶皱，沉水时长出的叶柄和叶片均较长；河床干涸后长出的叶柄和叶片均较短。无论水生还是陆生，其叶子明显比花技长。从来不见它在水中长出佛焰苞，冬天水位逐渐下降，在河床的斜坡上，才从高到低依次长出佛焰苞。这种隐棒花还特别耐旱，纵使小河干涸几个月，它的叶子仍然郁郁葱葱，将河床装饰得像个绿茵场；从 10 月到翌年 3 月，它的花期可在干裂的河床上延续半年之久。

在防城港市江平镇附近的任意一条小河都可以见到一种叶子特别细长的“椒草”，这是北越隐棒花（*C. crispatula* var. *tonkinensis*），因最先发现于越南而得名。

都安东庙乡的一种隐棒花

它的叶片宽约 1 厘米，长度可超过 50 厘米，叶缘有波浪状褶皱，虽然叶片有点革质化，但是在湍急的河水中也只能随波飘荡。它的佛焰苞管长约 30 厘米，水流缓时佛焰苞管可以直立于水面，水急时会被扯进水中和叶子一起摇曳。

2010 年，自然爱好者何恒巍在防城港市江平镇寻找野生鱼时，意外地发现了一种有点特别的“椒草”。这种“椒草”生长在有竹林和灌木遮蔽的山谷小溪里，叶柄长约 10 厘米，叶片宽 2 至 3 厘米、长约 15 厘米且叶背呈紫色，这是阴生植物的一个特征，因为紫色可以反射穿过叶片的阳光，增强叶绿体的光合作用。它的佛焰苞管呈白色，像一支支细长的小蜡烛直立于水面。经丹麦的隐棒花研究专家尼尔斯·雅各布森鉴定，这是还没有记录的新变种，于是将它命名为宽叶隐棒花

北越隐棒花

（*C. crispatula* var.*planifolia*）。遗憾的是，“椒草”爱好者闻风而至，截至 2022 年，这条小溪里的宽叶隐棒花已被采挖至绝迹，并且目前还没有发现这种“椒草”的其他分布点。

宽叶隐棒花的叶背呈紫色，适应阴生环境

从靖西市到大新县、龙州县一带的喀斯特河流小溪里，甚至在著名的德天瀑布下方，都有形态不同的“椒草”分布。在广西弄岗国家级自然保护区内的小溪及靖西的庞凌河，有叶子细长、叶片皱褶的广西隐棒花；在德天瀑布及广西恩城国家级自然保护区内的小河，有一种“椒草”叶片表面有角质，故更适合在干旱的河床上生长，它与邕江、地苏河的“椒草”都不同，这也许是地理环境不同造成同一物种的形态差异，也有可能是潜在的新变种。

水族爱好者对“椒草”的喜爱仅限于它飘逸的长叶，对它的花（佛焰苞管）不太感兴趣。但在河池市都安瑶族自治县、环江毛南族自治区等少数民族地区，人们会采摘“椒草”的佛焰苞管做蔬菜，名叫“帕久”，据说不用放油，素炒都很爽口。在壮语中，所有的蔬菜都以前缀“帕”开头，后面的“久”则是这种蔬菜的名，例如蕹菜叫“帕蒙”、海菜花叫“帕凡”。

“椒草”旋苞隐棒花广泛分布于广西喀斯特地区的河流、小溪，而且在不同的自然环境中演化出了不同的变种，成为八桂山水中的一类奇葩。

大新县恩城乡的“椒草”

苔花也学牡丹开

川苔草科（Podostemaceae）是植物界里一个很特别的类群。这个科的物种全部生长在河溪湍流中的石头上，有的像苔藓，有的像地衣。苔藓和地衣都是孢子植物，不会开花，而川苔草科却是能开花、结果的种子植物。由于川苔草科植物的植株矮小，常年生长在水中，仅在秋冬旱季水位下降时才露出水面，因此常常被人忽视。

20 世纪 30 年代，日本学者最先在东南亚发现川苔草科植物，之后我国植物分类前辈胡先骕推测中国东南沿海省份也会有川苔草科植物分布。1945 年前后，厦门大学的赵修谦在福建省长汀县采到了 3 种川苔草科植物的标本，验证了胡先骕的预见。此后几十年，川苔草科植物成为我国植物学家和植物爱好者在野外寻找的目标。

川苔草科中“颜值”最高的物种当数川苔草属（*Cladopus*）的飞瀑草（*C. nymanii*）。2019 年 1 月底，华南植物园科研人员在广东从化发现飞瀑草的消息，激起了广西植物爱好者的热情，大家发起“通缉”，纷纷寻找广西的飞瀑草。广西植物研究所的唐启明“按图索骥”，找到了自己之前拍摄的疑似飞瀑草营养枝的照片。同年 2 月 12 日，广西中医药研究院黄云峰团队进行实地考察，在融水苗族自治县九万山区采集到了飞瀑草的花果标本，从此打开了探索广西川苔草科的大门。

飞瀑草的根呈线形，绿色，平卧在石头上，有时相互交织。根与石头接触的一侧像“吸盘”，镶嵌在石头表面的缝隙中，因此不易被水流冲走。夏天是飞瀑草的营养生长期，其根部一些膨大的结节上会长出一簇丝状叶，这是短缩的营养枝，它可以吸收水中的养分并进行光合作用。秋冬旱季，飞瀑草逐渐露出水面，营养枝演变成了繁殖枝，长 2 至 3 毫米，基部有几枚指状分裂的苞片，托举着枝顶上的 1 朵花。飞瀑草的花“删繁就简”，没有花瓣和萼片；子房圆球形，直径约 1 毫米，柱头开叉。1 枚雄蕊从子房基部长出，花药弯向柱头。授粉后子房发育为 1 个球形的褐色蒴果，蒴果成熟后分左右两爿开裂，里面有几十粒微小的种子。

飞瀑草根的腹面黏胶般地贴在石头上

飞瀑草花的结构

飞瀑草的根和叶

防城港市防城区的一种飞瀑草的花有 2 枚雄蕊

飞瀑草的果实及种子

2019 年 9 月，广西大瑶山国家级自然保护区的谭海明在金秀瑶族自治县长滩河发现了川苔草科水石衣属（*Hydrobryum*）的水石衣（*H. griffithii*）。水石衣的片状根为墨绿色，整体像一块膏药紧贴在溪流中的石头上。它的生命力旺盛，有时可以覆盖整块石头的表面。

水石衣也有成簇的丝状叶，长在扁平的根上，根和叶会在营养生长期进行光合作用以积累有机物。到了秋天，根上面会凸起，长出许多疣状的花蕾，随着旱季水位下降，露出水面的花蕾就会依次开放。水石衣的花与飞瀑草的一样没有花瓣，先从佛焰苞中伸出 2 枚雄蕊，然后椭球形的子房从雄蕊上方倾斜着伸长，柱头 2 裂。授粉后子房发育成表面有十多条纵脉的蒴果；蒴果成熟

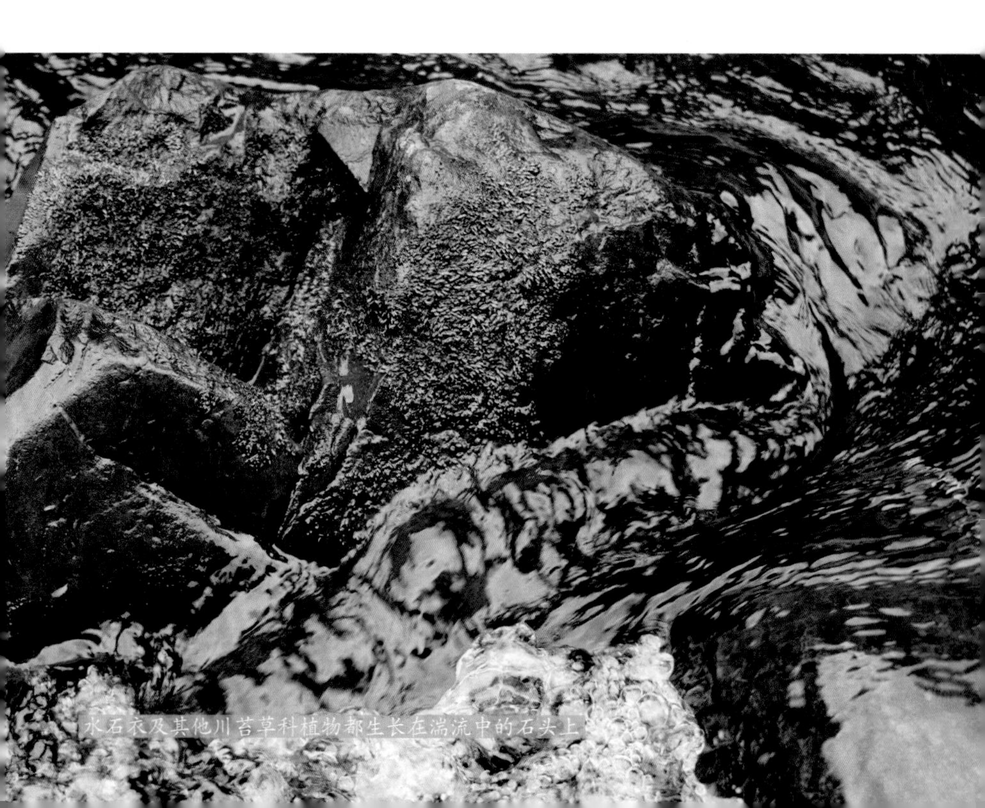
水石衣及其他川苔草科植物都生长在湍流中的石头上

后分为两爿裂开，会弹出众多肉眼难以看清的微小种子。

2020 年，植物爱好者分别在防城港市的北仑河、桂林市的漓江、上林县的狮螺江发现了川苔草科川藻属（*Terniopsis*）的多种植物。

川藻属植物的根与飞瀑草的相似，呈线形或平扁，贴伏在水中的石头上。它的茎从根的两侧长出，茎长约 1 厘米，上面有十多片叶排成 3 列。川藻（*T. sessilis*）的枝叶十分柔软，呈绿色或者红色，可随水流曼舞，枝叶摆动时，细小的叶片反射出魔幻般的蓝光，因此水族爱好者称它为“梦幻蕨”。

春季和夏季川藻属植物在水中进行营养生长，到了秋天，随着花蕾从茎基部的叶腋中长出，叶会脱落。川

水石衣的根呈片状，子房椭球形

川藻的枝叶柔软，随水流飘动如梦如幻

藻属的花约 1 毫米长，有 3 枚膜质的花被裂片。植物爱好者发现，川藻在营养期难以区分，但开花的形态各有差异。北仑河的川藻没有花梗，花被裂片紧闭不开，雄蕊和雌蕊只能进行自花授粉；狮螺江的川藻花梗长达 5 毫米，2 枚雄蕊高出花被之外。川藻属的子房为椭球形，柱头 3 枚，呈鸡冠状；蒴果成熟后分 3 爿裂开；种子都小如微尘。

川苔草科的所有物种都已被列为国家二级重点保护野生植物。经过多年的努力，植物研究人员在广西先后找到了 3 属 6 种，更多隐藏在大山深处的物种还有待人们去发现。无论是飞瀑草、水石衣还是川藻，它们都有 3 条共通的“生长法则”：一是在有急流冲刷的石头上扎根生长，二是需要阳光照射进行光合作用，三是在秋冬旱季能露出水面开花结果。

为了避免自花传粉，川苔草科植物的雌蕊和雄蕊会错开成熟时间。对于出水的花，风及水生昆虫的幼虫会帮助它们传粉；那些长在低处无法出水的花蕾，只能在水中开花，期望以水为媒。川苔草科植物的成熟蒴果会像豆荚一样爆裂，瞬间把几十粒种子向四周弹射出去。有的掉进水中随波逐浪另寻归宿，有的落在附近的石头上。河溪中的卵石看起来很光滑，但对于川苔草科植物微乎其微的种子来说，卵石的表面堪称坎坷而崎岖，上面的坑洼足以让它们安身立命。种子在春天发芽，根会镶进石头表面的微小沟壑中，形成吸盘与石头紧密相连，即使在雨季山洪暴发的时候，植株也不会被急流冲走。

尽管川苔草科植物的花比芝麻还小，但是它们也像牡丹一样，有花开灿烂的辉煌时刻。比如飞瀑草，原本起到保护花蕊作用的花被片缩小而简化，让繁衍后代最关键的“零件”雄蕊和雌蕊完全赤裸，引诱昆虫的鲜艳红色凝聚在子房上，它们以最简约的结构完成“传种接代”的使命。

狮螺江的川藻花梗较长

生态海岸红树林

由于月球的引力，地球上的海水会潮起潮落，最高潮位与最低潮位之间的海岸叫潮间带。在潮间带上生长，时而被海水浸淹、时而裸露出水面的植物群落就是红树林。

红树林在涨潮时会被海水浸淹

红树林主要分布于南回归线与北回归线之间热带亚热带的沿海滩涂。我国处于红树林分布地带的北缘，仅海南、广东、广西、福建、浙江、香港、澳门、台湾有红树林生长。红树林是镶嵌在广西北部湾 1600 多千米海岸线上的绿色风景。

构成红树林的植物归属于不同的科属。广西的红树植物有红树科的木榄（*Bruguiera gymnorhiza*）、红海兰（*Rhizophora stylosa*）和秋茄树（*Kandelia obovata*），紫金牛科的蜡烛果（*Aegiceras corniculatum*），海桑科的无瓣海桑，大戟科的海漆，使君子科的榄李，爵床科

的老鼠簕，马鞭草科的海榄雌（*Avicennia marina*），卤蕨科的卤蕨等 10 多种。虽然种类不多，但是广西拥有合浦山口、北海金湾、钦州茅尾海、防城港东湾和北仑河口等多个红树林保护区和景区，广西红树林总面积达 9412.11 公顷，排名全国第二，仅次于广东。

红树植物的外观并不红，只因人们用刀砍伤它的树皮时，伤口呈现红色而得名。红树植物的树干里富含一种叫单宁的物质，单宁接触空气即会发生氧化反应变红。单宁广泛存在于植物体内，它就是让人们吃未成熟水果时感觉“涩”的那种物质。高含量的单宁令红树植物具有耐腐蚀的特点，它还可以阻止各种动物的啃食、抵御

红树植物体内的单宁接触空气氧化变为红色

海水中病原微生物的侵害。

陆地上的植物生长都需要水，但大多需要的是淡水。海水含盐量太高，一般陆地上的植物如果长期被海水浸泡，很快就会被“腌”成“咸菜”，只有红树植物演化出了抗盐的特殊本领。

植物的细胞液有一定的浓度，当植物被液体浸泡时，水分一般会从浓度低的一方经过质膜渗透到浓度高的一方。红树植物有升高细胞内渗透压的生理机制，可以吸收海水中的水分，而不是被高盐的海水抢走体内的水分。红树植物的根在吸收水分时会“滤盐”，单宁可以“聚盐”，把多余的盐分聚积在特殊的部位，由叶片上的盐腺“泌盐”，或者通过落叶断枝的方式减少体内盐分，这些都是红树植物耐盐的“绝招”。

海边每年都有台风，平时也经常有风浪，红树植物为了在海岸线立稳脚跟，使出了各自的本领，长出了形态各异的发达根系。红海兰从树干和侧枝上，向下生长出众多的支柱根，直接插入淤泥中，像横七竖八的脚手架，保证树体不会被风浪掀翻。秋茄树则在树干近地面的方向长出板状根，像落地电风扇一样，以扩大底座的方式达到防倒伏的目的。

滩涂里淤泥很厚，不透气，会影响根的呼吸。为了“喘气”，海榄雌在树冠下的滩涂直立长出密密麻麻的指状呼吸根；木榄也在主干四周拱出许多膝状呼吸根，就像人下蹲时弯曲的膝盖。指状呼吸根和膝状呼吸根的表面都密生皮孔，内连海绵状的通气组织，它们在退潮时可以帮助植物更有效地进行气体交换，使其在下一次涨潮时可以更轻松地“憋气”。

红海兰有发达的支柱根

海榄雌的指状呼吸根

木榄的膝状呼吸根

秋茄树的板状根

无论身处多么恶劣的生长环境，植物不但要生存下来，还要完成“传种接代”的重任。如果红树植物像陆生植物那样，种子成熟后掉落下来，经过休眠期再发芽，那么其种子恐怕早被潮水带到太平洋去了。为了适应潮汐环境，红树林中的红树科植物如木榄、红海兰和秋茄树的果实成熟后并不脱落，种子以“胎生”的方式在果实里面萌发，吸取母树的营养，长出锥状的胚轴，发育成胎生苗后才脱离母树。有的胎生苗直接插入淤泥中，迅速生根，长成新的植株。涨潮时掉到海水中的胎生苗，可以浮在水面上漂洋过海，遇到合适的滩涂再扎根生长。

海榄雌又叫白骨壤，是广西境内分布面积最大、数量最多的红树植物。它的果实呈椭球形，种子也会在果实

秋茄树的种子在树上萌发，长出胚轴

内萌发，生成胚体，但是胚轴不穿破果皮，所以叫隐胎生。果实成熟掉下来后，遇到合适的环境，胚体就会伸出胚轴，然后生根发芽。北部湾海边的人们把海榄雌的果实叫“榄钱”，将其去掉果皮浸泡一天，除去单宁的涩味后，将种子的大子叶与车螺一起焖煮便是一道海鲜美食。

蜡烛果又叫桐花树，是广西境内分布面积仅次于海榄雌的红树植物。它的花量多，花期长，果实顶端渐尖，像弯曲的小辣椒。它的种子也会隐胎生，在树上先萌发，落地后很快长出胚根，在泥滩里发育成新苗。

此外，有一些既可以生长在潮间带，也可以生长在海岸上的木本植物，叫半红树植物，如海杧果、银叶树、黄槿、桐棉、苦郎树、黄皮、阔苞菊等。还有一些生长在红树林

海榄雌的叶子有泌盐功能，种子可作蔬食

边缘地带的草本、灌木和藤本植物，叫红树林伴生植物，如草海桐、苦槛蓝、鱼藤、海刀豆、厚藤等，它们都是红树林的好邻居，共同组成北部湾海岸的绿色藩篱。

红树植物是陆生植物“下海”的成功者，耐盐、根系发达和胎生这三种特殊本领是它们在长期适应海陆过渡环境中进化出的生存智慧。红树林庇护下的海岸生态系统是鸟类的天堂，也是招潮蟹、相手蟹、寄居蟹、和

红树林的胎生苗落地成树

尚蟹、鼓虾、弹涂鱼、青蛤、红树蚬、中国鲎、泥虫等众多底栖动物的栖息地。红树林凋落的枝叶、花果，地下腐败的死根，为底栖动物提供了丰富的有机食物，养育了生机勃勃的潮间带湿地生物大家庭。

海浪的长期冲刷对海岸有侵蚀作用，广西的红树林站立在北部湾的前沿，它防风固淤、护岸保堤，减小台风的破坏力，红树林因此被人们称为“海岸卫士”。

半红树植物海杧果有剧毒

花花世界

根、茎、叶是被子植物的营养器官，花、果实及种子是被子植物的生殖器官。花的形态千变万化，开花是为了吸引动物做媒帮助传粉，开花后结果的果肉是植物对动物传播种子的奖赏。动物和植物有着互利共生的关系，花是其中的重要一环。

禾雀花开满枝头

阳春三月，南宁市马山县白山镇新汉村后山那几株在树林和石崖上横亘攀爬的木质老藤，都会如期开出一串串白色的禾雀花挂在手臂粗的藤茎上，那场景就像无数小麻雀归林一样。新汉村的人用当地的壮话叫它“沟奴”，意思是像蟒蛇一样的藤。

禾雀花名字的来源有这样的传说，七仙之一铁拐李下凡人间，见成群的麻雀在春天播种时节偷吃农民在秧地里撒播的谷种，遂起怜悯之心，施出法术，把麻雀全部绑住串在一起，挂在山藤上，直到插秧完成后，麻雀才被释放下来，于是每年三四月才有禾雀花盛开和凋落的景色。清代广东新会的秀才陆宗宣有《禾雀花》诗云：“是花是鸟总怡情，植物偏加动物名。异日群芳重作谱，新翻花样到天成。”

南方地区以禾雀冠名的花，在植物学的分类谱系中，其实是豆科油麻藤属（*Mucuna*，又称黧豆属）中的几种大型木质藤本植物，主要分布于江西、福建、广东、广西、贵州、四川等长江以南的省区。在《中国植物志》中，包括油麻藤（*M. sempervirens*）、白花油麻藤（*M. birdwoodiana*）和大果油麻藤（*M. macrocarpa*）3 种。这 3 种油麻藤的花都比较大，尽管颜色各不相同，但从

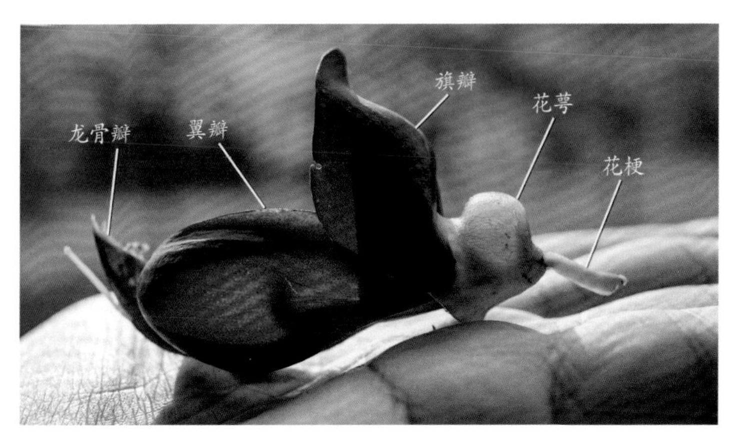

禾雀花的形状俨似一只麻雀

侧面看花朵的形状都俨似一只麻雀：花梗像鸟喙，花萼像鸟头，旗瓣像竖起的翅膀，翼瓣像身体，龙骨瓣像尾羽。它们的花序通常生于老茎上；结的荚果木质，带状，长 30 厘米以上；种脐占种子周长的四分之三。

新汉村的禾雀花是白色的。广西中医药研究院的植物专家黄云峰是新汉村人，他曾以为村里的禾雀花就是白花油麻藤。直到某年回老家，黄云峰突然注意到，家乡的禾雀花虽然开白花，但其羽状复叶的三片小叶形状比较宽且两面均密被柔毛，与白花油麻藤叶腹面和叶背面光滑无毛的特征迥然不同，果实形态更是相差甚远。

职业的敏感令黄云峰意识到这可能是一个新种！经过多年的观察，他发现这种油麻藤的形态特征是稳定的，不是环境改变引起的生态型变异。2020 年，黄云峰把它发表为新种并定名为广西油麻藤（*M. guangxiensis*），新汉村就是它的模式标本产地。后经调查发现，百色市乐业县、隆林各族自治县、那坡县也有分布。

因此，所谓的禾雀花在广西有 4 种，其中开白花的可能是白花油麻藤，也可能是广西油麻藤。

白花油麻藤的叶柄和小叶柄均无毛；小叶较狭长，近革质，两面无毛或散生短毛；侧脉 3 至 5 条，中脉、侧脉、网脉在两面凸起；花着生于花序梗基部 10 厘米以上；花冠白色；果实沿背、腹缝线各有一条 3 至 5 毫米宽的狭翅，翅间形成纵沟，种子之间的果皮缢缩，果荚念珠状。

广西油麻藤的叶柄和小叶柄均有黄褐色的短柔毛；小叶片宽卵形，纸革质或革质，腹面有丰富的贴伏柔毛，背面及脉上密生灰白色茸毛；花从花序梗基部开始着生；花冠白色；果荚的缝线没有狭翅和纵沟，果荚通常比较平直。

油麻藤是全国分布最广的一种禾雀花，秦岭以南的省区都有栽培。在同属植物中它的识别度最高，因为它的旗瓣、翼瓣和龙骨瓣全部是深紫色的，远看像树上挂着一串串成熟待摘的葡萄。果荚也因种子间的果皮缢缩成念珠状。油麻藤的 3 片小叶革质，四季常绿，攀上其他树木后，枝条迅速扩张，可以遮天蔽日，抢尽一片树林的阳光，压抑其他植物生长，甚至绞杀被它攀缘的树木。如果它的藤茎从栏杆中穿过，经年累月之后，可以镶嵌或撑破护栏。

大果油麻藤的花冠兼有白花油麻藤和油麻藤的颜色，但它绝不是这两者杂交的后代。大果油麻藤的旗瓣白色，而翼瓣和龙骨瓣为紫色。它结出的果荚特别大，宽达 5 厘米，厚 7 至 10 毫米，同样因种子之间的果皮缢缩，而果荚呈念珠状。在南宁市良凤江国家森林公园

白花油麻藤花序梗较长

广西油麻藤的小叶片宽卵形，花序梗较短

油麻藤

和广西药用植物园都有栽培。

油麻藤属植物的藤茎粗壮，生命力顽强，枝繁叶茂，不但适用于大型棚架的遮阳绿化，还可以用作陡坡、岩壁的垂直景观绿化。开花时节，悬挂于老藤上密密麻麻的花序奇丽壮观，是春天别具一格的景色，在禾雀花花丛下，热闹的景象让人即使周围环境寂静也会产生万鸟和鸣的幻听。

自然界有 80% 以上的被子植物是通过动物帮助传粉的，被子植物为传粉者提供花蜜或果肉作为报酬，这是生物协同进化出的一种互相成全的默契。小鸟状的禾雀花，其实只是油麻藤花的半开状态，旗瓣与翼瓣成 90 度角竖起，2 枚翼瓣向两侧拱起，前端夹着细长的龙骨瓣，

大果油麻藤

此时看不到雄蕊和雌蕊。禾雀花散发出的气味带着腐肉般的恶臭，很多人闻久了会有头晕恶心的感觉，这种脂肪族化合物的气味是向专属传粉者发出的信号。经过动物采蜜，禾雀花才会完全打开，露出花蕊。

油麻藤的传粉者主要是松鼠和果子狸。动物采蜜时，头部向上拱开旗瓣，前肢向下按压翼瓣和龙骨瓣，触动花瓣基部的关节，使翼瓣和龙骨瓣“脱臼”般向下张开，与旗瓣成 180 度角，花蕊瞬间从龙骨瓣中弹出来。这时可以看到 10 枚雄蕊，其中 1 枚离生，其余 9 枚的花丝合生成雄蕊管，包围着雌蕊的子房和花柱，柱头从雄蕊

动物采蜜后的禾雀花才会完全打开

管中伸出。动物完全打开禾雀花，吃到花瓣基部的花蜜，而花粉会附着到动物的身上，当它访问下一朵花时，就完成了传粉的“契约”。

油麻藤属是“自交不亲和”植物，自花授粉会造成后代不育。如果没有动物来造访授粉，禾雀花将始终保持半开的形态，几天后“花容失色”，变黑凋谢，不能结果。如果授粉成功，包在雄蕊管里的子房就会“脱颖而出”，长成毛茸茸的小果荚。几个月后，成熟的果荚里结出十几粒大豆子，虽然豆子富含淀粉，貌似秀色可餐，但是左旋多巴含量很高，千万不要食用，以免中毒。

油麻藤的果荚（1. 白花油麻藤的果荚有狭翅，2. 广西油麻藤的果荚无狭翅）

苦苣苔半壁江山

苦苣苔科是一个庞大的植物家族，全世界约有 150 属 3500 种，中国约有 714 种。苦苣苔大都是多年生草本，叶大多基生，单叶，不分裂；花朵如铃铛一样；花冠筒状或钟状，多为白色中带蓝紫色，有些还具有条纹；檐部或多或少呈二唇形，上唇 2 裂，下唇 3 裂，观赏性很强。

在广西石山上最常见的苦苣苔大都是报春苣苔属（*Primulina*）的种类，它们花色相近、形状相似，却种类繁多，如果不经过专门研究，往往难以确定种名。此外，这个属的植物很多还是民间常用的中草药。

蚂蟥七（*P. fimbrisepala*）的根状茎粗长，扁圆柱形，绿色，有横纹，像蚂蟥一样贴生在石崖上；叶片草质，两侧不对称，基部一侧钝或宽楔形而另一侧心形，边缘有粗齿，腹面密被短柔毛并散生长糙毛，背面疏被短柔毛；花较大，紫色，非常美观。它的根状茎可治小儿疳积、胃痛、跌打损伤。在广西十万大山有它的一个变种，叫密毛蚂蟥七（*P. fimbrisepala* var. *mollis*），叶的下面长满短茸毛。

弄岗报春苣苔（*P. longgangensis*）是广西特有种，只分布于崇左市龙州、大新、天等三县的石山上。它与

蚂蟥七是民间常用的中草药

弄岗报春苣苔是广西道地药材，名叫红药

分布于大新县、隆安县的线叶报春苣苔（*P. linearifolia*）如同双胞胎一样，但还是可以通过以下特征辨别：弄岗报春苣苔的根状茎顶部有节间，叶分层着生呈圆状线形，花冠外面无毛；线叶报春苣苔的叶密集生于根状茎顶端呈线形，花冠外面有毛。弄岗报春苣苔的根状茎是治疗跌打损伤、风湿关节痛的良药，药材名叫红药或红接骨草。

牛耳朵（*P. eburnea*）的形象特别，是很容易辨识的一种苦苣苔。每年 4 月开花的时候，花序梗顶部耷拉着 2 枚大苞片，左右张开，很像牛的耳朵，因而得名。苞片里有几朵至十几朵花，花冠紫色或淡紫色。牛耳朵在华南地区的喀斯特石山上很常见，全草有清肺止咳的功效。

牛耳朵

黄花牛耳朵

2003 年 7 月，在贺州市的一处石山脚下，广西植物研究所的刘演和韦毅刚发现了一种奇特的牛耳朵，它的大苞片里开着黄色而不是紫色的花。原以为这只是牛耳朵的黄花变型，但是两者的花期不同，不能确认为同一物种。刘演和韦毅刚于 2004 年将它定名为黄花牛耳朵（*P. lutea*）发表后，植物学界迅速接受了这个新种，并对这种开暖色花的苦苣苔偏爱有加，开展了黄花牛耳朵育种、杂交、组织培养及其与牛耳朵同源基因测序等诸多研究。

华南地区广泛分布着牛耳朵，而在贺州市钟山县和梧州市苍梧县的狭域范围又出现黄花牛耳朵，经分子比对证明两者有近缘关系。这是广西喀斯特峰丛地貌特别适合苦苣苔科物种演化的典型例子。

苦苣苔科植物喜好碱性土壤，通常生长在喀斯特石山的石缝和积土中。自古以来，苦苣苔科植物就盘踞在不同的山峰上，峰丛之间的酸性红壤就像海水隔离海岛一样，使各个山峰的苦苣苔科植物彼此之间产生地理隔离。而且苦苣苔植物的蒴果没有肉质结构，不能吸引动物帮助传播种子，因此无法进行基因交流。长此以往，各个山峰的苦苣苔就在孤立的小环境中演化成了不同的小种群物种。

环境长期对植物的性状选择会诱发基因变异，造成同一座山峰的山顶和山脚也可以发生不同的演化。比如永福县百寿镇的百寿岩附近，同一座山上就有长在干旱山顶上的百寿报春苣苔（*P. baishouensis*）和长在潮湿溶洞中的寿城报春苣苔（*P. shouchengensis*），它们是同属的近缘种。

生长在潮湿溶洞里的寿城报春苣苔

植物学家都惊叹广西有“一山一苣苔”的天然优势，堪称中国苦苣苔科植物的演化中心，也成了发现新物种的热点区域。2005 年 1 月至 2018 年 12 月，中国新发表的苦苣苔新物种 194 种，其中产自广西的就有 90 种，占比将近一半，每年花期都有不少全国各地的植物爱好者来广西找“苦”。

截至 2020 年，中国记录的苦苣苔科植物 757 种，广西有 236 种，其中 166 种为广西特有种。三分之一的广西县市有了以自己县市名命名的苦苣苔，还有些以保护区或山脉命名的物种。虽然各种“苦”遍地开花，但是它们很多都是极小种群物种，一旦出名就可能会招来“杀身之祸”，姿色迷人者更容易遭受灭顶之灾。如 1981 年发现于百色市大王岭附近的圆果苣苔（*Gyrogyne subaequifolia*）被定为我国特有属——圆果苣苔属的单一种，可惜因为疏于保护，经年累月后不知不觉就没了踪影，最后被宣布绝灭。

报春苣苔（*Primulina tabacum*）于 1999 年被列为国家一级重点保护野生植物，它紫色花冠的上唇和下唇分别作 2 深裂和 3 深裂，檐部平展，几乎看不出苦苣苔的二唇形特征，更像花冠 5 裂的报春花。原来只记录广东省的连州市及阳山县有分布，广西植物研究所的吴望辉等人于 2008 年在贺州市灵峰山上发现了报春苣苔的多个居群，从而扩大了这种珍稀物种的分布范围。

苦苣苔不止生长在石山地区。1981 年在金秀大瑶山丹霞地貌发现的瑶山苣苔（*Oreocharis cotinifolia*）相貌出众，它在 9 月开花，其筒状花冠的檐部常见 4 裂，且上唇裂片比下唇裂片大，像一只粉红色的小蝴蝶，雄

报春苣苔的花形很像报春花的花形（邹春玉　摄）

瑶山苣苔的花像一只蝴蝶（邹春玉　摄）

蕊常见 1 枚。瑶山苣苔于 1999 年被列为国家一级重点保护野生植物，在保护区工作人员的庇护下，其种群数量得以扩大，它和报春苣苔在 2021 年新修订的《国家重点保护野生植物名录》中被调整为国家二级重点保护野生植物。

2007 年在梧州市郊区发现的一种苦苣苔与瑶山苣苔相似，只是其叶片边缘有锯齿；花期在 3 月；花序上有十多朵粉红色的花朵，像桃花一样艳丽；花冠筒很浅，檐部平展出 5 枚花冠裂片。2012 年刘演将它命名为齿叶瑶山苣苔（*Oreocharis dayaoshanioides*）。有人认为，它是国内苦苣苔中最美丽的一种。

虽然苦苣苔科植物在广西大自然的舞台上演化出众多五彩缤纷的物种，美化了八桂的山野，但是矮小的草本植物很容易被毁于天灾人祸，只有公众都珍爱大自然的赏赐，苦苣苔科植物才能永葆芳华。

齿叶瑶山苣苔可能是众多苦苣苔中“颜值”最高的一种

广西兰花看雅长

雅长是百色市乐业县的一个乡，1954 年 8 月，广西林业管理部门在这里建立了广西壮族自治区国有雅长林场。该林场的野生动植物资源非常丰富，特别是各种兰花接连不断被发现。截至 2005 年 4 月，该林场的兰科植物已经记录有 114 种，为此，专门成立了广西雅长兰科植物自然保护区。随后保护区还有新记录产生甚至新物种被发现，2009 年 9 月晋升为国家级自然保护区，是我国唯一以兰科植物为保护对象并命名的国家级自然保护区。

广西雅长兰科植物国家级自然保护区（以下简称“雅长保护区”）地处云贵高原向广西丘陵过渡的山原地带，是北热带向南亚热带的过渡地区。从土山到石山，从海拔 400 米的南盘江河谷，到海拔 1900 米的盘古王山，不同生态系统相互交错，特殊的地理环境造就了丰富多彩的兰花王国。最令雅长保护区引以为豪的是，辖区内的带叶兜兰（*Paphiopedilum hirsutissimum*）、莎叶兰（*Cymbidium cyperifolium*）和台湾香荚兰（*Vanilla somae*）是目前有记录的世界上最大的野生居群！

带叶兜兰在每年 5 月开花，其最大的分布区在花坪管理站浪全辖区从山顶往下到半山腰的稀疏杂木林处，

带叶兜兰像瀑布从山坡上倾泻而下

面积超过 600 平方米。带叶兜兰几乎霸占了整个山坡林下的草本层，不留一点空隙。狭长的带状叶子齐刷刷地往下坠，犹如绿色的瀑布从山坡上倾泻而下，挺立的兜兰花就像瀑布溅起的浪花，这种壮美的场面令人叹为观止！每株带叶兜兰有 5 片或 6 片带状叶，叶片长达 45 厘米；花葶直立，长 20 至 30 厘米，顶端生 1 朵花，有人说它像小竹竿上的纸风车，也有人说它像停在枝头上的蝴蝶。花的唇瓣像一个兜囊，左右花瓣向两侧伸展；花上方有 1 枚宽卵形的中萼片，可以为唇瓣遮挡雨水，唇瓣后面还有 1 枚由侧萼片合生而成的合萼片。唇瓣的兜囊是专门给传粉昆虫设置的陷阱，食蚜蝇被花色吸引过来后，会不慎滑落囊中，它想爬出来就必须经过合蕊

带叶兜兰一生只开一次花

柱下方的传粉通道，只要它能爬出来，就会把花粉块带走，这是兜兰属植物利用自身欺骗性完成传粉的伎俩。

莎叶兰在红田管理站的密集分布面积达 6000 平方米，它生长在石山树林下的一片坡地和石缝中。莎叶兰的叶片像莎草科植物的叶子一样细长，因此不开花的时候，人们难以认出它是一种兰花。莎叶兰在冬季开花，花葶从假鳞茎基部抽出，长 20 至 40 厘米，直立的花序上有 3 至 7 朵花；花有柠檬香味，萼片与花瓣黄绿色，唇瓣淡黄色或带有白色。莎叶兰和寒兰、建兰等国兰一样，花香清淡，株形典雅，显示出一种高贵脱俗的气质。

台湾香荚兰的最密集分布区也在红田管理站的拉雅峡谷，面积达 9000 平方米。台湾香荚兰是草质攀缘藤

莎叶兰（邓振海　摄）

本，多节，节间长 7 至 10 厘米，每节有一张叶片和一条气生根。叶狭卵形，互生，厚肉质。藤茎为了追求阳光，有的沿悬崖向上奋力攀爬，有的则靠气生根紧巴其他树木攀上高枝。台湾香荚兰每年 3 月至 4 月开花，花序很短，通常有 2 朵花；花淡黄绿色或白绿色，唇瓣内表面为淡粉红色和黄色。果实近圆柱形，肉质，有香味，荚果成熟后可作香料，用于食品和化妆品的配香，药用还可以作芳香型的神经系统兴奋剂。

雅长保护区内的珍稀兰花种类数不胜数，兰科植物中药用最多的石斛属植物有铁皮石斛、黑毛石斛、束花石斛、美花石斛等 12 种，它们都是国家二级重点保护野生植物。

地宝兰属都有膨大假鳞茎，叶基生。花葶从假鳞茎

台湾香荚兰（邓振海　摄）

抽出后花序俯垂，顶端缩短为密集的花簇，常见的地宝兰花为白色。1921 年，德国植物学家在贵州省罗甸县发现了一种花瓣较大、玫瑰红色的地宝兰，命名为贵州地宝兰（*Geodorum eulophioides*），但是几十年来国内一直没有采到活体标本。直到 2004 年 6 月，雅长保护区的科研人员邓振海在花坪管理站浪全辖区的一处悬崖下重新发现它的成片居群，这个地宝兰属中观赏价值最高的中国特有种才得以重见天日，雅长保护区也因此名声大振。

2007 年 3 月，雅长保护区工作人员又在花坪管理站风岩洞的山坡上发现一种与富宁卷瓣兰相近的兰花，它生长在喀斯特石山表面或腐殖化的树茎上，花不大却造型奇特，深黄色带 7 条棕色脉纹的侧萼片内卷，2 枚

被喻为中国九大仙草之首的铁皮石斛

失踪几十年的贵州地宝兰在雅长保护区重新被发现（邓振海　摄）

侧萼片平行伸展而前端彼此黏合，犹如淑女双手相叠而端坐的仪态。它有明显不同于富宁卷瓣兰的特征，即中萼片和 2 个侧花瓣上都有 3 毫米长的芒刺，唇盘上有 2 条纵脊。它成为雅长保护区发现的第一个兰科新种，中国科学院植物研究所研究员郎楷永在论文中发布该新种时，以雅长兰科植物保护区管理局首任局长的名字，将它命名为天贵卷瓣兰（*Bulbophyllum tianguii*）。

此后，雅长保护区内还先后发现了广西羊耳蒜、雅长山兰、雅长玉凤花和雅长无叶兰等几个兰花新种。雅长保护区总面积 220 平方千米，在人迹罕至的密林深处、天坑中、绝壁上，或许还有更多未知的兰科植物等待人

天贵卷瓣兰的中萼片和花瓣顶端都有芒刺（邓振海　摄）

们去发现！

截至 2022 年年底，雅长保护区已经发现野生兰科植物 64 属 174 种，约占广西兰科植物总数的五分之二，其中广西的兰科新记录种 20 个，新记录属 7 个，新物种 5 个。雅长保护区的兰科植物被列入《国家重点保护野生植物名录》一级的有 1 种，二级的有 36 种，雅长保护区堪称中国野生兰科植物的集中区和基因库，2008 年被中国野生植物保护协会授予“中国兰花之乡”的称号。

兰花是我国古代文人用于托物言志的“花中四君子”之一，大多数兰科植物空谷幽香，孤芳自赏。孔子赞赏它有“芝兰生于幽谷，不以无人而不芳”的气质，明喻世人应有“君子修道立德，不谓穷困而改节”的品格。中国人热爱兰花，是因为它有与世无争、淡泊名利、高洁典雅的寓意。雅长保护区不但庇护着大自然的一方芝兰，还肩负着传承中华民族传统文化的责任。

杓兰兜兰竞相放

兰科是单子叶植物中的第一大科，它在全世界共有 700 多个属 20000 多种，中国有 194 属 1388 种。在 2021 年修订的《国家重点保护野生植物名录》中，兰科有 2 个属的物种身份显贵，几乎全部被列入名录，一个是杓兰属（*Cypripedium*），另一个是兜兰属（*Paphiopedilum*）。

在植物分类系统中，杓兰属和兜兰属都归于杓兰亚科，可以说它们是近亲。杓兰和兜兰的花结构相似，唇瓣都特化为一个囊状结构，杓兰的唇瓣像汤勺，兜兰的唇瓣像拖鞋。想区分杓兰和兜兰，主要看茎和叶：杓兰有直立的茎，卵形多折皱的叶子从茎节上长出，花序生于茎的顶端；兜兰的茎极短，宽带形革质的叶子从地面基生，花葶从叶丛中长出。兰科植物的花朵通常由外层的 3 枚萼片和内层的 3 枚花瓣（其中 1 枚为唇瓣）组成，但是杓兰、兜兰的 2 枚侧萼片合生成合萼片，所以它们看起来只有 5 枚花被片。

杓兰属植物耐寒，适合生长在冬季寒冷的温带地区或高寒山区，在我国从东北地区到西南山地及台湾高山都有分布。我国有 32 种杓兰，分布比较广，种群数量多，大多数物种都被列为国家二级重点保护野生植物。

年平均气温较低的广西雅长兰科植物国家级保护区记录有一种杓兰——绿花杓兰（*Cypripedium henryi*），它生长在疏林灌丛的坡地上，茎直立，长有4片或5片卵状披针形的叶。茎顶上的花序有2朵或3朵花，花呈绿色至绿黄色；唇瓣深囊状，囊口边缘内弯；花期是4月至5月。绿花杓兰从山西、甘肃向南分布，雅长保护区已经是它生长的最南界限。

广西中医药研究院的植物专家黄云峰对杓兰和兜兰做过深入的研究。2010年6月，他在百色市那坡县境内的广西老虎跳自治区级自然保护区弄化片区的山脚树林下，发现了几株疑似杓兰属的植物。2011年8月，他再次追踪观察时，因为错过了花期，所以不能确定那几株植物是哪种杓兰；2012年7月，黄云峰三进老虎跳，终

绿花杓兰

于见到正在开花的杓兰，证实它是杓兰属唯一的国家一级重点保护野生植物——暖地杓兰（*C. subtropicum*），这是广西记录到的第二种杓兰。

暖地杓兰原记录分布于西藏墨脱、云南麻栗坡及越南北部，是最耐热的杓兰。由于那坡与麻栗坡邻近，因此暖地杓兰成为广西新记录也不奇怪。暖地杓兰一次可以绽放 7 朵花；花为黄色，有棕色的斑块，巨大的唇瓣深囊状，上有白色斑点，这些斑点是一撮含有糖分的短毛，能散发出蚜虫的气味，形状也像堆叠的蚜虫。食蚜蝇飞来采食，就会滑进囊中；反折的囊口阻挡食蚜蝇飞出来，食蚜蝇只能从传粉通道往上爬，同时背走花粉块，带到另一朵花中。杓兰和兜兰从不为传粉昆虫提供花蜜之类的报酬，都是欺骗性传粉的典型，而这奉献含糖白色斑点的暖地杓兰算是其中最“大方”的一个。

暖地杓兰（黄云峰 摄）

兜兰属植物耐热，能适应亚洲热带地区至太平洋岛屿气候，特别偏爱我国西南至华南各省区的喀斯特石山地区。它们多数是狭域分布种。该属除了带叶兜兰和硬叶兜兰（*Paphiopedilum micranthum*）为国家二级重点保护野生植物，其余物种全部是国家一级重点保护野生植物。我国有兜兰属植物 18 种，广西就有其中的 12 种！

即使是同在广西境内，小气候也会有差别，几种兜兰各自选择了不同的生长环境。同色兜兰（*P. concolor*）分布于南宁至崇左一带的石灰岩地区，生长在富含腐殖质的土壤上或岩壁缝隙中或积土处。它的叶片呈狭椭圆形，腹面有深浅绿色相间的网格斑，背面有极密集的紫色点。花葶直立，顶端通常有 1 朵或 2 朵花；花的萼片和花瓣均为淡黄色，有紫色细斑点；唇瓣深囊状，囊口宽阔，整个边缘向内弯。同色兜兰具有止咳平喘、祛风

同色兜兰（黄云峰 摄）

止痛的药用功效，也因此遭到人为的过度采挖。

2005 年 10 月，黄云峰在大新县境内的广西下雷自治区级自然保护区的石山上，发现了几株开金黄色花的兜兰，它们的花葶近直立，顶端只生 1 朵花；花较小，直径仅有 5 至 7 厘米，中萼片黄色，边缘白色；2 枚侧花瓣橙色，唇瓣橙褐色，倒盔状，囊口边缘不向内弯。经查证，这是越南记录过的海伦兜兰（*P. helenae*），黄云峰于 2007 年发表了它的国内新记录。此后，在靖西市境内的广西邦亮长臂猿国家级自然保护区、龙州县境内的广西弄岗国家级自然保护区也发现了海伦兜兰的身影。由于海伦兜兰生长在海拔较高的喀斯特石山顶部，有天然保护屏障，因此多年来它们安然无恙。

长瓣兜兰（*P. dianthum*）分布于百色市西部的几个县，

海伦兜兰分布于中越边境地带的石山顶上（黄云峰　摄）

它是靠花的拟态机制行骗传粉的高手。其直立的花葶上有2至4朵花；中萼片与合萼片白色并有绿色脉纹；两侧花瓣下垂，长带形，扭曲，上面长有黑色疣状突起，模拟成蚜虫的样子。食蚜蝇为了让自己的幼虫出壳后就有蚜虫吃，会飞来产卵，然而它在扭曲而光滑的花瓣不易落脚，只好站到具蜡质的退化雄蕊上，这反而让它更容易滑进唇瓣的囊兜里，唯有沿着合蕊柱所在的内通道才能爬出来，这样就会背上花粉块，到下一朵花上产卵时顺便进行义务授粉。如果食蚜蝇在长瓣兜兰上产了卵，幼虫出壳后可能会被活活饿死。

硬叶兜兰在广西西南部地区都有分布，它的叶片呈长圆形或舌状，坚革质。花葶长10至26厘米，只有1朵花；花大而艳丽，中萼片与花瓣均为白色，有黄色晕

长瓣兜兰

硬叶兜兰

和淡紫红色粗脉纹，中萼片、合萼片和花瓣均为宽卵形；唇瓣深囊状，白色至淡粉红色；整个边缘内弯。硬叶兜兰的唇瓣大，囊口也大，主要靠熊蜂帮助传粉。食蚜蝇钻进传粉通道会因为个子太小而黏不上花粉块。

在河池市环江毛南族自治县境内的广西木论国家级自然保护区石山灌丛中，生长有一种白花兜兰（*P. emersonii*），它喜阴，不耐阳光直射。花葶直立，花大呈白色，花瓣基部有少量栗色或红色细斑点，唇瓣上有时有淡黄色晕；唇瓣深囊状，整个边缘内弯，囊底具毛。白花兜兰只能在特定海拔、土壤、遮阳率等条件下生存，属于极度濒危物种。

杓兰和兜兰在八桂大地竞相开放，是大自然对这片山水的恩赐。杓兰属植物有粗壮的根状茎，开花后叶子会“倒苗”，来年重新长出新植株。兜兰属植物每个植株终生只能开一次花，开花后老植株不一定枯萎，而是从根状茎上另外长出一株新植株，来年由新植株开花，生生不息，代代相传。

白花兜兰（黄云峰 摄）

奇花异草

绿色植物通过光合作用生产有机物；腐生植物不能进行光合作用，只能从动植物遗体中获取有机物；寄生植物可以进行光合作用，却要从其他植物体内吸收水分和无机盐；食虫植物也可以进行光合作用，还会捕捉小动物来补充营养。不同的生存方式造就了光怪陆离的花花草草。

蜘蛛抱蛋新种多

蜘蛛抱蛋是一个植物名，与蜘蛛和蛋都没有关系，只是借名喻形而已。

蜘蛛抱蛋属（*Aspidistra*）植物是多年生的常绿草本，地下有横生的根状茎，从根状茎上长出单生或2至4片簇生的叶子，大多数种类的叶片呈长卵形，可作粽粑叶，也有一些种类的叶片呈带状。它们的花从地下拱出，贴地而开，十分低调。花的形状为钟状或坛状，肉质，顶端有花被裂片6至8枚甚至更多；柱头多数膨大为盾状。有些种类的柱头白色，球形膨大突出于花被筒上，由于辐射对称的花被裂片就像蜘蛛张开的腿，整朵花形如一只抱着蛋的蜘蛛，因此这个属就有了“蜘蛛抱蛋”的称呼。

蜘蛛抱蛋属原来归属于百合科，在最新分类系统中被安放在天门冬科。不开花的时候，各种蜘蛛抱蛋的叶子大同小异，难分彼此；只有开花时才显出花被和柱头差异悬殊、形态结构变化多样，说明种间分化强烈。目前全世界总共有蜘蛛抱蛋230多种，是亚洲特有属，绝大部分产于中国和越南；我国有129种，广西就有超过80种。植物学家认为，越南北部及广西西南石灰岩地区是蜘蛛抱蛋属起源、分布和分化的中心，广西境内不断有发现蜘蛛抱蛋新种的报道。

2023年4月，广西植物研究所新发表了十万山蜘蛛抱蛋（*A. shiwandashanensis*）、大瑶山蜘蛛抱蛋（*A. yunbiaoi*）和弄岗国家级自然保护区的卵药蜘蛛抱蛋（*A. ovatianthera*）3个新种。

蜘蛛抱蛋属是具有典型广西地方特色的本土植物，它有狭域性分布的特点，有时候一个县、一座山可能就有一个独立的种。以广西地方命名的蜘蛛抱蛋数不胜数，宜州、天峨、环江、巴马、大化、罗城、柳江、融安、忻城、贺州、龙胜、灵川、崇左、大新、隆安、西林、凌云、乐业等都有以市、县（区）名命名的蜘蛛抱蛋。

蜘蛛抱蛋属有土山种类，也有石山种类，它们是阴生植物，平时常以一丛丛杂草的形式混迹于山林荒地。蜘蛛抱蛋花期多数在每年3月至5月，大多数种类的花

辐花蜘蛛抱蛋（农东新 摄）

通常带暗紫色，而且伏地而生，有时被枯叶覆盖。如果不是在花季拨开草丛，翻开枯枝落叶，看清花的形态结构，很难判断它是哪种蜘蛛抱蛋。因此植物学家通常先把野外发现的蜘蛛抱蛋挖回来栽培，等到开花时再做鉴定。

20 世纪 50 年代，广西植物研究所引种的一种蜘蛛抱蛋开出了非常漂亮的大花，花被直径达 15 厘米，花被裂片多达 12 枚，裂片基部有舌状附属物，向内遮盖着花被筒口，造型别致。这种蜘蛛抱蛋堪称该属中开花最大、“颜值”最高的一种，但是工作人员丢失了它的具体采集地，仅记得采自广西的西南地区。1988 年，李光照研究员将它命名为巨型蜘蛛抱蛋（*A. longiloba*）。几十年来，植物研究人员经过无数次野外寻找，都无从再见它的芳容，以致认为它已经野外灭绝。2023 年 5 月，

巨型蜘蛛抱蛋的花冠的直径有 15 厘米（农东新　摄）

巨型蜘蛛抱蛋的植株高达 1 米（农东新　摄）

广西植物研究所的研究团队在都安瑶族自治县地苏镇做植物多样性本底调查时，意外地遇到了正在开花的巨型蜘蛛抱蛋，几代人的苦苦追寻在一朝实现，大家欣喜若狂。

绝大多数蜘蛛抱蛋要靠阔叶树木庇荫，树林一旦被破坏，蜘蛛抱蛋也危在旦夕。柳江蜘蛛抱蛋（*A. patentiloba*）是花形比较漂亮的一种，它分布于柳州市柳江区土博镇一个峰丛洼地的落水洞坑中，洞口面积约 80 平方米，其上方覆盖有 1 株任豆和 1 株楝树的乔木层，中间还有黄荆、白饭树的灌木层，柳江蜘蛛抱蛋在草本层占了优势。虽然这种小群落靠近农田，但如果环境没有人为破坏，柳江蜘蛛抱蛋仍可以无忧无虑地繁衍下去。

洞生蜘蛛抱蛋（*A. cavicola*）仅发现于河池市凤山

柳江蜘蛛抱蛋

县三门海镇月里村的杨子洞，这个溶岩山洞的洞口开阔，洞底有水，环境阴凉潮湿，生长在洞口附近的洞生蜘蛛抱蛋有山体遮阳，虽然洞口上方没有乔木覆盖，但也能正常生长。

线叶蜘蛛抱蛋（*A. linearifolia*）分布于百色市隆林各族自治县、那坡县，小花蜘蛛抱蛋（*A. minutiflora*）分布于来宾市金秀瑶族自治县，它们的叶片与众不同，呈带状，宽只有 1.5 至 3.5 厘米，长 35 至 100 厘米。不

线叶蜘蛛抱蛋（农东新　摄）

开花的时候，它们常常被人误以为是珍贵的兰科植物而遭滥挖，最后又惨遭遗弃。其实蜘蛛抱蛋的观叶效果并不亚于兰花，只是它鲜为人知，没有兰花那么遐迩著闻而已。

广西有多种蜘蛛抱蛋的花形独特，因具有不同的花色和形态结构而有很高的辨识度。长药蜘蛛抱蛋（*A. dolichanthera*）的花被白色，雄蕊与柱头齐长，伸出花被筒口，6 枚平展的裂片，开花十分显眼。大新蜘蛛抱蛋（*A. daxinensis*）的花被黄绿色，6 枚花被裂片不完全张开，裂片的顶端像佛手一样在花被筒上方合拢。隆安蜘蛛抱蛋（*A. longanensis*）的花被筒像个腌酸菜的坛子，筒口的 8 枚花被裂片分内外两层交错互生。乐业蜘蛛抱蛋（*A. leyeensis*）的花被金黄色，花被筒像一个开口很大的香炉，10 枚裂片围绕在花被筒口边缘。

虽然蜘蛛抱蛋属的新种不断涌现，但是它们的前景依然堪忧：一是因为天然林植被砍伐危及其生存环境；二是因为某些种类的蜘蛛抱蛋是民间常用的中草药，它

广西多种花形独特的蜘蛛抱蛋
［1. 长药蜘蛛抱蛋，2. 隆安蜘蛛抱蛋，3. 大新蜘蛛抱蛋，4. 乐业蜘蛛抱蛋（农东新　摄）］

们的根状茎具有活血止痛、清肺止咳、利尿通淋等功效，可用于治疗风湿麻木、跌打损伤、咳嗽等疾病，所以人为采挖严重，造成蜘蛛抱蛋种群大量减少，可能有些物种在植物学家尚未发现之前就已经灭绝了。

蜘蛛抱蛋还有个俗名叫“一叶兰”，也有人叫它“万年青”，因为大部分种类的蜘蛛抱蛋叶片大，四季常青，不少种的叶片腹面有金色的斑点或条纹，在园林绿化中是不可多得的观叶植物，长江以南地区的植物园、公园均有栽培，通常都种植在阴生植物园区。

蜘蛛抱蛋也可以家庭种植，只需要做好夏天防暴晒、冬天防冰冻的简单护理，它就可以常年给人一抹养眼的翠绿。如果在春天再开出几朵花，那就算是额外的收获。蜘蛛抱蛋适合摆放在室内，它的叶子能吸收甲醛、氟化氢等多种有害气体，对室内空气具有良好的净化作用。

有些蜘蛛抱蛋的叶片腹面有金色斑点，适合栽培作观叶

“幽灵之花”水晶兰

经常在海拔 800 米以上树林中穿行的护林员，会在每年的特定时间、特定地点遇到一种既像真菌又像兰花的植物，它的茎直立，只有十几厘米高，全身洁白，顶上仅有的 1 朵花也是白色的，显得晶莹剔透，人们给它起名叫水晶兰。

水晶兰泛指水晶兰亚科（*Monotropoideae*）中 3 种纯白色的物种。第一种是水晶兰属（*Monotropa*）的水晶兰（*M. uniflora*），它结的果实是成熟后会开裂的蒴果；另外两种是假水晶兰属（*Cheilotheca*）的大果假水晶兰（*Ch. macrocarpa*）和球果假水晶兰（*Ch. humilis*），它们结的果实是成熟后不会开裂的肉质浆果。

水晶兰类植物是腐生草本，与真菌有着密切的关系，它们生长在壳斗科等阔叶林下的枯枝败叶中，根须细小，集成一团，缺少可以吸收营养的根毛。它们要与土壤真菌的菌丝进行亲密结合，形成一种叫菌根的共生体。在这个共生体中，真菌和水晶兰之间彼此交换矿物质和有机酸等营养物，互利共生。

水晶兰类植物一年大多数时间埋伏在地下，只有在花期才长出地面。它的茎叶中没有叶绿素，不能进行光合作用，长出地面只是为了完成繁衍后代的使命。

大果假水晶兰

球果假水晶兰

在广西大明山海拔 1200 米的阔叶林下，大果假水晶兰每年 3 月中旬长出地面，植株高度十几厘米，茎的直径约 5 毫米，上面长有几片鳞状叶；花向下垂，花冠筒呈钟形，萼片和花瓣均为 4 枚或 5 枚，无毛，先端向外反卷；10 枚雄蕊围绕着膨大的子房，花丝无毛，花药紧贴着盘状的柱头；子房侧膜胎座，授粉大约 20 天后长成椭球形的浆果；浆果成熟时颜色变黑，果实一直保持下垂的姿势，果皮与花柱始终相连。

每年 4 月底，金秀瑶族自治县金秀镇香草岭的树林下会长出球果假水晶兰，它的植株高度大约为 10 厘米；刚长出来时花蕾也向下垂，花冠筒张开时变为横向，与茎成 90 度。萼片和花瓣均为 3 至 5 枚，先端反卷，酷似电脑游戏《植物大战僵尸》中的“豌豆射手”和“蓝莓炮”，从前面可以看到灰蓝色的盘状柱头，以及围在

大果假水晶兰的花技

柱头周围的8至12枚雄蕊；花瓣和花丝都有毛，子房比大果假水晶兰的小，侧膜胎座6至13个。授粉后，鳞叶和花瓣出现褐色斑点后开始脱落，子房转为仰天直立状，发育为球形的浆果，果皮与花柱相连，直到变黑腐烂。

如果横向切开子房或果实，可以发现大果假水晶兰和球果假水晶兰的侧膜胎座数量不同，大果假水晶兰有5至8个，球果假水晶兰则多达13个。尽管两者的形态特征明显不同，但是在新的分类系统中，植物分类学家撤销了假水晶兰属，把大果假水晶兰和球果假水晶兰强行合并到假沙晶兰属（*Monotropastrum*），两者改用一个共同的名字——球果假沙晶兰（*M. humile*）。

在百色市乐业县黄猄洞天坑附近，有一片由松树、青冈和栎木混生的树林，每年8月底，“正宗”的水晶

球果假水晶兰的浆果　　水晶兰的蒴果

水晶兰开花先下垂，后直立

兰都会从树林中厚厚的枯叶底下冒出来。每个植株同样只开 1 朵花，初始时花也是下垂的，花瓣聚成筒状，花瓣先端不外卷，总是一副腼腆的样子，只有从下方仰视花冠筒口，才可以看到柱头及雄蕊。它的花萼早落，花瓣 5 至 6 枚，花瓣及花丝均无毛，子房有 5 室，中轴胎座。授粉后子房转为直立状，这时可以明显看出花柱与果皮是分离的，而且随着果实长成为蒴果，分离更加明显。果实成熟后，果皮会从中间开裂为 5 爿，让细小的种子散发四周。

结蒴果是水晶兰属的分类特征，这个属在我国仅记录有 2 个物种，除了水晶兰，另一个是松下兰（*Monotropa hypopitys*），它居然也生长在这片树林里，令人感到惊奇。松下兰的茎、叶、花均为黄色，只因为颜色不同，没有被冠以"水晶"的雅号。松下兰每个植株有 3 至 8 朵花，花果期是 7 月至 10 月，它和水晶兰有重叠的花期，在这里可以观赏到两者同时绽放、争奇斗艳。

2010 年 8 月，广西植物研究所吴磊在大明山北坡海拔 800 米的阔叶林下，发现了一种新的水晶兰类物种：它的个体较小，高仅有 5 厘米；茎白色，单生或有几个分枝，茎上密生鳞片状的白色叶片；花生于枝顶，直立向上，萼片 3 至 5 枚，白色；花瓣 3 枚，基部 1/3 白色，先端 2/3 橙色；雄蕊 6 枚，子房圆球形，柱头圆头状，果实为浆果。经过多年观察，这种水晶兰于 2016 年被定名为橙黄假水晶兰（*Cheilotheca crocea*）发表，大明山作为这个奇异新种的模式标本原产地，每年都有植物爱好者去那寻找它的芳踪。

科学家最新研究认为，将腐生植物称为"菌异养植

松下兰

橙黄假水晶兰

物”更加恰当，因为倘若没有真菌，水晶兰类植物在枯叶下就不能生长发育，更不能开花结果。人工无法复制自然环境下阴凉湿润的菌根生长环境，因此水晶兰类植物难以人工种植。

水晶兰类植物是多年生的，花谢了，根还在，每年生成的种子也会发芽，与真菌共生出新的植株，只要环境不被破坏，来年它还会在原地准时开花。由于水晶兰不需要阳光，绽放在昏暗的树林里，又通体洁白、花朵低垂，人们乍一看会有遇到“冥界之物”的感觉，因此水晶兰被喻为“幽灵之花”，金秀大瑶山的瑶族群众叫它“鬼兰”。其实，植物本无善恶之分，凶吉均由人们联想。掌握了水晶兰类植物的生长习性，就知道它也不是武侠小说中那个能起死回生的仙草。作为一种冰清玉洁的野生花卉，水晶兰或许仅供有胆识的自然爱好者去欣赏。

黏液杀手茅膏菜

在一些虚构的、耸人听闻的探险故事中，在热带雨林或荒岛有一种会吃人的植物，它的藤状枝条四处舒展，如果人或动物触碰到它，枝条就马上卷起来，把猎物牢牢抓住，然后分泌胶状液体把人或动物消化掉。事实上，自然界里的吃人植物子虚乌有，不过确实存在它的微缩版本——食虫植物。

在防城港江山半岛的滨海草地上，有一种叫长叶茅膏菜（*Drosera indica*）的食虫植物，它的植株高约 20 厘米，直立的主茎上向周围长出十几条线形的叶子，叶子表面毛茸茸的，是因为长满会分泌黏液的腺毛。仔细观察，可以发现每根腺毛的顶端有一个球形的腺体，外面包着一颗亮晶晶的小水珠。

茅膏菜科茅膏菜属（*Drosera*）的植物都有腺毛，腺毛上的小水珠承担着茅膏菜“食虫”的 3 个功能：首先是散发香甜的气味引诱昆虫；其次是靠黏性黏住“上钩”的昆虫；最后还能分泌消化酶分解昆虫，由叶子吸收溶解的蛋白质作为自身的营养。

长叶茅膏菜是茅膏菜属中植株最大、捕虫能力最强的一种，它的叶片能捕捉到的猎物小到蚊子、苍蝇，大到飞蛾。昆虫被几条腺毛黏住后，会垂死挣扎，邻近的

长叶茅膏菜生长在沿海草地

其他腺毛也会主动弯折，一起包围猎物，并且分泌更多的黏液消化猎物的肉体。如果虫子落在叶片先端，叶尖还会卷起来，牢牢地抓住猎物，传说中的食人树可能就源自对长叶茅膏菜的夸张放大。

在北海市冠头岭的草丛中，有另一种茅膏菜属植物叫锦地罗（*D. burmannii*），它的叶基生，呈莲座状贴地而生，叶柄极短；叶片楔形呈绿色，边缘的腺毛较长，腹面的腺毛较短，皆呈紫红色。小昆虫被黏住后，腺毛会像手指握拳一样，把猎物包在叶子中央，黏液集中在一起可以让昆虫窒息，然后慢慢将昆虫消化吸收。锦地罗的叶丛在地面上的造型就像一朵花，加上腺毛的红色，足以吸引昆虫自投罗网。它一年四季都可以开花，也需要昆虫帮助传粉，它的花葶很长，白色的花朵高出捕虫叶 20 厘米，这样可以避免误杀“媒人”。

长叶茅膏菜的叶尖可以卷曲缠绕猎物

来宾市金秀瑶族自治县银杉公园附近山顶的草地上，有一种匙叶茅膏菜（*D. spathulata*）的长相与锦地罗形似，叶子也是莲座状基生，腺毛也是紫红色，叶片则是全红的。它成片生长在草丛的边缘，好像一朵朵梅花掉落在地上。匙叶茅膏菜的叶柄比较长，下部无毛，靠近叶片的上部有腺毛；叶片呈倒卵形或匙形，腹面长满腺毛。它捕捉昆虫的原理与锦地罗的一样，经过引诱、粘黏、消化、吸收 4 个步骤，获取动物的蛋白质来补充自身需要的氮、磷元素。

茅膏菜（*D. peltata*）是分布最广却又容易被人忽视的一种食虫植物。一是因为它的植株柔弱细小，从不惹人注目，只有在它每天上午开花的时候，才容易被人注意到；二是因为它的地上部分在开花结果后会干枯、凋谢，8月至翌年3月销声匿迹，只有一个球茎蛰伏地下，

锦地罗的叶楔形，腺毛红色

匙叶茅膏菜的叶柄较长，叶整体通常为红色

锦地罗和其他食虫植物都生长在贫瘠的环境中

茅膏菜叶上腺毛顶端的腺体分泌黏液

茅膏菜

等到温度与湿度合适时才重新长芽。

茅膏菜在广西大明山、大瑶山等很多山坡的草坪都有分布。它的地上茎直立，高 10 至 30 厘米，有分枝；叶互生，叶柄长 1 厘米左右；叶片盾状，长约 3 毫米，边缘密生长腺毛，腹面的腺毛较短，背面无腺毛。茅膏菜的叶子小，分散着生，只能黏住如蚊子大小的昆虫，连对付苍蝇都无能为力。

茅膏菜的球茎可作药用，中药名叫“地下珍珠”，具有祛风除湿、活血止痛、散结解毒之功效，常用于治疗筋骨疼痛、腰痛、跌打损伤等疾病。

茅膏菜即使不捕捉昆虫也能存活，因为它能进行光合作用，制造糖类能量物质；它们通常生长在比较贫瘠的环境，进化出捕虫的功能是为了补充氮、磷元素，就像人类吃了米面主食，还需要摄入肉蛋副食营养一样。

茅膏菜科是一个大家族，共有 4 属 100 多种，它们的花结构基本相似：花瓣 5 枚；雄蕊 5 枚，花丝分离；子房上位，花柱 2 至 5 枚。茅膏菜属的植物靠腺毛黏杀猎物，而另有 2 个单种属的捕虫器官比较特殊，一个是原生于北美洲的捕蝇草（*Dionaea muscipula*），另一个是我国黑龙江有分布的貉藻（*Aldrovanda vesiculosa*）。

捕蝇草因具有特殊的捕虫功能且长相奇特而被引进我国用于观赏。它的叶柄扁平，叶片形状像一个张开的夹子，长约 2 厘米，两边各有 3 根触毛；相当于叶脉的中肋有腺体可分泌甜蜜的诱饵，苍蝇飞来舔食时，触碰到其中的 2 根触毛，捕虫夹就会迅速合起来，捕虫夹边缘的刺毛互相交错，可以有效防止猎物逃脱。

貉藻是一种无根的浮水草本，它形如水生的捕蝇草，

捕蝇草原产于北美洲，捕虫手段不同，也是茅膏菜科植物

植株长约10厘米。叶6至9片轮生，叶柄长约4毫米，顶端多条丝状裂条，叶片如张开的贝壳，长约4毫米，有感应纤毛；当水中的硅藻或甲壳动物碰到纤毛时，叶片瞬间合拢成一个中空的囊体，猎物便成为瓮中之鳖。

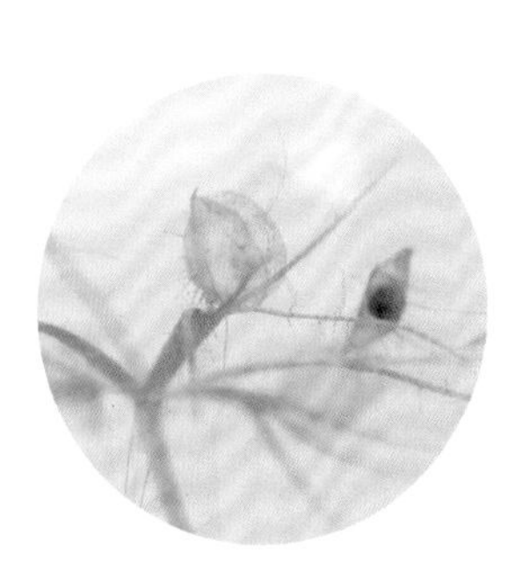

“水中捕蝇草”貉藻是国家一级重点保护植物

同为茅膏菜科的植物，茅膏菜属植物通过腺毛黏杀昆虫，捕蝇草和貉藻则都用捕虫夹捕捉猎物，它们在进化过程中，形态上发生了趋异进化，但是它们食虫的目标没有改变。茅膏菜科植物的进化史可谓是既分道扬镳，又殊途同归。

狸藻的捕虫陷阱

狸藻并不是藻类植物，它是狸藻科狸藻属（*Utricularia*）一种会“吃”虫子的被子植物。狸藻属是食虫植物中最大的科属，只是它的体型比较小，人们不容易观察到它的捕虫器官及其捕虫的过程。

狸藻之所以被称为藻，是因为它不开花的时候，沉在水中的茎叶有点像人们熟知的金鱼藻。狸藻属植物没有真正的根和叶，它由茎变态出匍匐枝、假根和叶器。

黄花狸藻（*U. aurea*）是在广西最常见的狸藻，它没有根，不接触水底，属于漂浮植物，通常生长在静水池塘中。黄花狸藻的匍匐枝横卧水面下，其上互生叶器，叶器长 2 至 6 厘米，看上去像一张去掉叶肉组织的叶脉书签，羽状深裂，然后再一至四回深裂成毛发状。叶器裂片上长有众多 1 至 4 毫米长的小囊泡，那就是黄花狸藻的捕虫器官——捕虫囊。

捕虫囊有一条短梗与叶器相连，平时它是一个半瘪的透明小球体，边缘有一个开口，口的上唇有几根感应毛，囊口里面有一个瓣膜。捕虫囊犹如一个陷阱，生活在水中的水蚤等微小的浮游甲壳动物，因好奇或不小心触动其感应毛时，捕虫囊会瞬间膨胀，瓣膜向内打开，囊内的负压把水蚤随水流吸进去，瓣膜马上关闭，猎物只能

黄花狸藻是水生食虫植物

黄花狸藻叶器上有众多的捕虫囊

束手就擒。捕虫囊的吞食过程只需 1 毫秒，比捕蝇草抓苍蝇还快 200 倍！

黄花狸藻是多年生植物，它的茎和叶器均呈绿色，在水下也能进行光合作用，其捕虫囊一年四季都做捕虫的营生。在不开花的时候，黄花狸藻难以被人发现；到了 6 月至 12 月开花的季节，它会营造“金色池塘”的美丽景色。黄花狸藻别名“水上一枝黄花”，从匍匐茎上长出的花序梗直立于水面上，梗上无鳞片，着生 3 至 8 朵二唇形的黄色小花，花的下唇瓣基部延长成一个圆锥形的距。植物的花距里面通常有蜜腺，可以引诱小昆虫钻进花瓣中帮助传粉。

除了黄花狸藻，狸藻属中水生的还有南方狸藻（*U. australis*），它的花序梗上有鳞片；少花狸藻（*U. gibba*）的叶器分枝少，假根、匍匐枝及叶裂均为丝状。这两种狸藻也开黄花，冬天还会在叶器上长出冬芽。水生狸藻的叶器多回分裂成狭线形，有利于植株在水下保持平衡且不翻滚。开花时，其花序梗挺立于水面；开花后，花序梗会弯曲沉入水中，在水下结出果实。

狸藻属有许多陆生物种，它们的叶器与水生物种的截然不同，不分裂，呈圆形、匙形或线形。为了与水生的狸藻有所区别，中国的植物学家通常把陆生的狸藻叫挖耳草。

最常见的挖耳草（*U. bifida*）生长在海边草地、山顶草甸或田边荒野。其假根和匍匐枝均为丝状，狭线形的叶器生于匍匐枝上，呈绿色，长 1 至 3 厘米，可以进行光合作用。捕虫囊生于叶器和匍匐枝上，球形，侧扁，长约 1 毫米，比水生狸藻的捕虫囊还要小，囊口靠近囊

挖耳草是最常见的食虫植物之一

梗基生。挖耳草的捕虫囊同样利用突然膨胀产生负压的原理，把碰到囊口触毛的小动物吸入囊中，消化吸收为自身的养料。挖耳草的花序梗直立，长2至40厘米，花长在中部以上；花梗基部的苞片基部着生，长约1毫米；花萼2裂，花冠黄色，下唇喉凸隆起呈浅囊状；距为钻形。花梗在开花时直立，结果后果梗下弯。

对各种挖耳草的辨识，不仅要看花的颜色和形态、叶器的形状，更重要的是看捕虫囊的开口位置是在囊梗的基部、侧面还是顶部；看苞片是基部着生、一端游离，还是中部着生、两端游离。每种挖耳草都有自己的“祖传家规”。

在南宁市大明山的金龟瀑布、来宾市武宣县的百崖大峡谷等地，凡是潮湿的山谷石壁上，都可能见到圆叶挖耳草（*U. striatula*）。它密密麻麻的圆形叶器经常生长在苔藓丛中，匍匐枝及捕虫囊也埋伏在蓬松的苔藓层中，易于捕捉其中的微小动物。圆叶挖耳草进行光合作用与食虫两不误，营养搭配可谓是“有荤有素”。圆叶挖耳草 8 月至 10 月开花；花冠白色至淡紫色，喉部有一小块黄色斑；上唇细小，下唇圆形或横椭圆形，先端 3 至 5 浅裂，喉凸稍稍隆起；距为钻形或筒状，常弯曲。

叶器呈圆形的挖耳草不止一种。在大明山飞鹰峰及金秀瑶族自治县圣堂山海拔 1400 米的石壁上，也有一种叶器呈圆形的挖耳草，它的花下唇瓣深裂为 4 叉，所

圆叶挖耳草

叉状挖耳草和它的捕虫囊

以叫叉状挖耳草（*U. furcellata*），它的花距特别长，是花瓣长的两三倍。

合苞挖耳草（*U. peranomala*）是中国特有种，也是广西特有种，目前仅发现于桂林市猫儿山和南宁市大明山海拔1200多米的滴水石壁上，与苔藓类混生。它因位于花梗基部的大苞片与小苞片在基部略有合生而得名。合苞挖耳草的下唇瓣呈半圆形，像一把打开的折扇；捕虫囊口基生。

在防城港江山半岛的海边草地上，短梗挖耳草（*U. caerulea*）和斜果挖耳草（*U. minutissima*）结伴长在一起，由于滨海沙地贫瘠，它们长得非常矮小。这两种挖耳草的花形态和颜色都很相似，可以通过观察苞片和捕虫囊来区分：短梗挖耳草的苞片是中部着生，捕虫囊口顶生；斜果挖耳草的苞片是基部着生，捕虫囊口侧生。

毛挖耳草（*U. hirta*）是唯一花序梗、花萼及距都密被茸毛的挖耳草，它最先被记录于越南，中国仅发现于广西。毛挖耳草生长在防城港市江山半岛的滨海草地，每年9月至12月开花，花冠紫色。

南宁大明山山顶的天书草坪上还有钩突挖耳草（*U. warburgii*），因花的下唇瓣两侧反折的基部膨大处有两个角状突起而得名。它是中国特有种，除广西外，江西、江苏、安徽、浙江、福建也有分布。钩突挖耳草的捕虫囊口顶生，有一个巨大的龙骨状附属物，上面生有大量的腺毛，有助于引诱小虫子被吸进捕虫囊。

各种陆生挖耳草的捕虫囊的直径都小于1毫米，比水生狸藻的小得多。挖耳草的捕虫囊已经演化为专门捕食单细胞原生动物的结构，胃口不大，食性专一。

合苞挖耳草和它的捕虫囊

毛挖耳草在国内仅分布于广西防城港

钩突挖耳草的花瓣上有两个角状突起

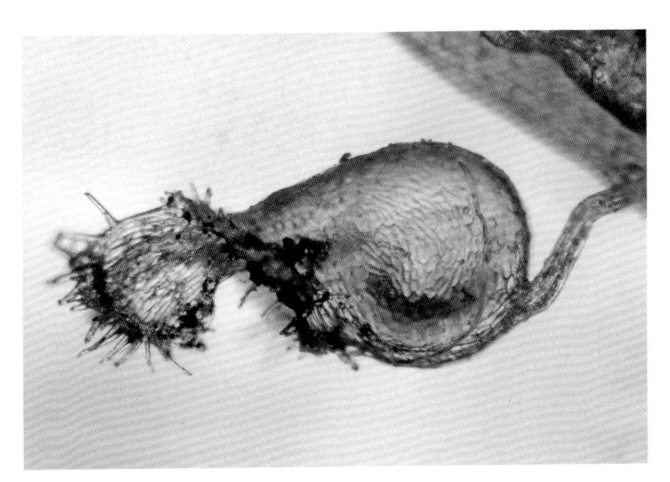

钩突挖耳草的捕虫囊放大

狸藻科的物种由于个体弱小而易被环境摧残，水生的狸藻易被暴雨冲走，陆生的挖耳草怕被杂草遮蔽，因此它们很容易因群落演替而消失，可遇不可求。

依草附木为寄生

大多数绿色的种子植物都扎根地下，从土壤中吸取水分和矿物质，通过光合作用合成有机物来满足自身生长发育的需要，这种自食其力的生活方式叫自养。而有些种子植物没有正常的根，必须利用根状茎上的吸器侵入其他植物体内，窃取宿主的水分和养料，这种“不劳而获”的行为叫寄生，是植物的异养生活方式之一。其中，有些寄生植物非绿色，完全失去光合作用的能力，叫全寄生植物；有些寄生植物茎叶为绿色，可以进行光合作用，叫半寄生植物。

旋花科菟丝子属（*Cuscuta*）的几种一年生缠绕草本是最常见的全寄生植物，它们靠纤细的茎与其他植物的枝叶发生“亲密接触”，在接触面产生吸器，像蚂蟥一样吸取寄主的养料。

菟丝子（*C. chinensis*）的茎上无叶，黄色，纤细，直径只有约 1 毫米，寄生于田边、路旁的豆科、菊科、马鞭草科等小灌木或草本上。花簇生；花萼杯状；花冠乳白色或淡黄色，4 至 5 裂，宿存；雄蕊着生于花冠裂片弯缺处；子房近球形，花柱 2 枚；蒴果被宿存的花冠完全包围，成熟时分上下开裂。南方菟丝子（*C. australis*）的茎与菟丝子一样，但是它的雄蕊着生于花

菟丝子属常见的寄生植物（1. 南方菟丝子，2. 金灯藤）

冠裂片弯缺的稍下方；蒴果仅下半部分被宿存的花冠包围，成熟时不规则开裂。这两种菟丝子对大豆、落花生、马铃薯等农作物有危害。

金灯藤（*Cuscuta japonica*）又叫日本菟丝子，它的茎较粗壮，肉质，直径 1 至 2 毫米，通常带紫红色瘤状斑点，甚至全部呈紫红色；花排成穗状花序；花萼碗状，5 裂达基部；花冠钟状，淡红色或绿白色，顶端 5 浅裂；雄蕊 5 枚，着生于花冠喉部裂片之间；子房球形，柱头 2 裂；蒴果卵球形，成熟后在近基部开裂。金灯藤常见寄生于龙眼等一些乔木上。

菟丝子属这几种植物的种子都可以药用，有补肝肾、益精壮阳和止泻的功能。

樟科的无根藤（*Cassytha filiformis*）也是缠绕草本，它会饥不择食地寄生于各种树木上。茎线形，绿色，长有锈色短柔毛；叶退化为微小的鳞片，有进行光合作用的能力；花序穗状；花小，白色；花被裂片 6 枚，排成二轮；有可育雄蕊 9 枚，退化雄蕊 3 枚；子房和果实都是卵球形。无根藤全草可供药用，能治疗肾炎水肿、尿路结石、尿路感染、跌打、疖肿及湿疹。

桑寄生科植物也是很典型的寄生植物，在山野的树木，以及城市、乡村的绿化树上都很容易找它们。它们在木本植物树枝上长成灌木状，让人误以为一棵树上长出两种叶子。桑寄生科植物都有对生的叶子，是半寄生植物，我国有 11 属 60 多种。

广寄生（*Taxillus chinensis*）在两广地区也叫桑寄生，

无根藤

它不单寄生于桑树上，桃、李、龙眼、荔枝、阳桃、油茶、油桐、榕树、木棉或松树都是它的寄主。广寄生的花冠在花蕾时呈管状，稍弯，下半部膨胀，开花时顶部分裂成4片，裂片反折，下面1枚裂缺较深；雄蕊4枚，花柱线形，柱头头状。浆果椭球形，果皮有小瘤体，成熟后浅黄色。广寄生的全株入药，系中药材桑寄生的原植物之一，可治风湿痹痛、腰痛、胎动异常、胎漏、高血压等。

槲寄生（*Viscum coloratum*）寄生于榆树、垂柳、枫杨及栎属、梨属、李属、椴属植物上。它的叶比较细长；花单性，雌雄异株；萼片4枚，三角形，长约1毫米；柱头乳头状；果球形。槲寄生全株也是中药材，与桑寄生的功效相仿。

广寄生　　槲寄生

此外，常见的桑寄生科植物还有大苞寄生、鞘花、五蕊寄生、离瓣寄生等，形态各异，开花精彩纷呈。桑寄生科植物的果皮都具有黏胶质，鸟类啄食其果肉后，种子会黏在鸟喙上，鸟在树枝上擦嘴时，种子就有机会在另一棵树上寄生。

桑寄生科植物的吸器与寄主体内的维管束是紧密相连的，不同的寄主提供不同的营养物质，如果是寄生在夹竹桃、马桑等有剧毒的植物上，那么桑寄生的药材也会有毒，就不能药用。

蛇菰科是寄生于其他木本植物根部的肉质草本，它完全依靠寄主来提供生长所需的养分。广西约有 9 种，

常见的桑寄生科植物（1. 大苞寄生，2. 鞘花，3. 五蕊寄生，4. 离瓣寄生）

最常见的疏花蛇菰（*Balanophora laxiflora*）无论土山、石山的林下都有分布。不开花的时候，它的地下茎近球形，有分枝，地下茎中的维管系统既有蛇菰的，也有寄主的，两者密不可分。疏花蛇菰每年 9 月至 11 月开花，雌雄异株；雄花序圆柱状，雄花疏生于雄花序上，花被裂片 5 枚；雌花序卵球形，雌花微小，密集于花序轴上，无花被。疏花蛇菰常被人误当成广西不产的肉苁蓉而采挖，但它绝无“沙漠人参”肉苁蓉补精血、益肾壮阳、润肠通便之功，仅有治痔疮、虚劳出血和腰痛之效。

野菰科的野菰（*Aeginetia indica*）是一年生的寄生草本，常寄生于芒属和蔗属等禾草类植物的根上；它的

蛇菰科常见植物（1. 疏花蛇菰，2. 野菰）

茎呈黄褐色或紫红色；叶呈肉红色，披针形；花单生于茎的顶端，稍俯垂，俗称烟斗花。

玄参科的独脚金（*Striga asiatica*）也是一种半寄生植物，它生长在山坡草地，寄生于禾本科植物的根上；茎单生，高 10 至 20 厘米；叶较狭窄有时鳞片状；花单朵腋生或在茎顶端排成穗状花序，秋天开花；花冠通常黄色，少见红色或白色，花冠筒顶端急弯曲，二唇形。独脚金全草一直是民间治疗小儿疳积的良药。

寄生植物不需要土壤，只从活的植物体内吸取养分，看起来它们像寄生虫，像人类社会的剥削者一样不道德，但这是自然界“适者生存”演化出的一个特殊类群。

广寄生通过吸器与寄主连为一体

寄生于禾本科植物根上的独脚金有三种花色

“扳机植物”花柱草

植物一旦扎根一方土地就要原地不动度过一生，动物则可以随意移动选择生活环境。除此之外，植物和动物还有一个主要区别，就是动物对外界刺激的反应明显，而植物对外界刺激的反应不明显。但是也有例外，比如大家熟知的含羞草，它的羽状复叶在被风吹或物体触动时，对生的小叶片会迅速闭合，如果持续被触动，整个叶柄还会垂下来；食虫植物捕蝇草的捕虫夹，在苍蝇碰到夹子上的触毛时，夹子会迅速合起来把苍蝇夹住。这些植物对外界刺激的快速反应被称为植物的感性运动。

除了含羞草和捕蝇草，自然界里还有一个叫花柱草科的植物家族会感性运动。这个科共有 4 个属 320 多种植物，它们绝大多数分布于澳大利亚、新西兰及南美洲的麦哲伦海峡地区，只有几个物种生长在东南亚地区。我国仅记录有花柱草（*Stylidium uliginosum*）和狭叶花柱草（*S. tenellum*）2 种，它们分布于福建、广东、广西、海南、云南，在广西防城港市的海边草地和山顶草坪就可以找到。

澳大利亚和新西兰的花柱草科植物大多数是植株比较大的多年生草本，而我国这两种花柱草均为一年生的柔弱草本且植株矮小，花的直径只有 3 至 5 毫米，如果

花柱草

不注意观察，就很难发现它们。

花柱草的植株高约 5 至 13 厘米；叶片卵圆形，全部基生呈莲座状；柔弱的细茎呈暗红色，上面没有叶子，很少分枝，顶部疏生有短腺毛；疏穗状花序顶生；花冠白色，长约 2 毫米，基部筒状，上部分裂为 5 枚花冠裂片，其中 4 枚向前展开，前方的 2 枚较长，先端分裂，基部有几个附属物，后方的 1 枚极小，反折成唇片，使花冠筒形成 1 个裂口；雄蕊 2 枚，与雌蕊合生组成合蕊柱，花药位于合蕊柱头部的两侧；合蕊柱作 U 形弯曲，从裂口伸出花冠筒外；花瓣下方的萼筒长约 1 厘米，内藏子房；子房会发育成细柱状的蒴果；蒴果成熟后，自动裂开，仅如针尖大小的种子会被弹射出去。

狭叶花柱草的植株稍高一点，5 至 20 厘米。它与花柱草不同之处是倒披针形的叶子互生在茎上。狭叶花柱草花单朵顶生，或 2 至 3 朵排成近于二歧分枝的花序；花的结构与花柱草的相似，花冠筒上长有稀疏的腺毛，花瓣呈粉紫色，前方的 2 枚花冠长约 3 毫米，先端 2 裂，

花柱草（左）与狭叶花柱草（右）的花

花柱草的狭长子房将发育为果实

狭叶花柱草植株

喉部附属物很小，但肉眼可见；后方的唇片很小，钻状；合蕊柱伸出花冠筒外，向后呈 U 形弯曲；花萼有腺毛，萼筒内藏子房，长约 1 厘米；长成蒴果后可伸长至 2 厘米。

由于花柱草和狭叶花柱草的茎及花萼和花冠像茅膏菜一样长有腺毛，腺毛的顶端也有黏液，有人还发现黏液中存在消化酶，因此受到了食虫植物爱好者的关注。但是花柱草的腺毛太短小了，根本黏不住肉眼可见的昆虫，反而是其合蕊柱奇特的感性运动更引人关注。

虽然花柱草的雄蕊和雌蕊愈合为一体，但雄蕊和雌蕊的成熟时间不一致。为了避免自花传粉，通常是雄蕊先成熟，雌蕊后成熟。正常情况下，合蕊柱向后伸出，形状就像手枪张开的击锤。“击锤”顶端两侧有成熟裂开的花药，当小昆虫飞到花冠上时，触发“机关”犹如扣下扳机，合蕊柱瞬间弹回来，将花粉拍打在小昆虫的身上；受惊的小昆虫飞向另一朵花，如果遇到雌蕊成熟的合蕊柱拍打下来，小昆虫身上的花粉便黏到柱头上，异花传粉就完成了。

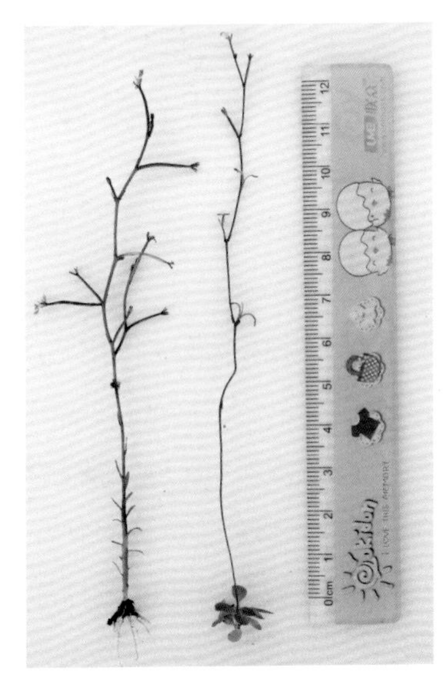

花柱草科植物柔弱矮小

花柱草科在澳大利亚的众多物种中，虽然形态各异，有的是几厘米高的小草本，有的是 1 米多高的半灌木，花的大小也不同，但它们的合蕊柱都能做“击锤

花柱草蒴果裂开，弹出种子

运动”，所以花柱草科植物在英文里被统称为“扳机植物”（Trigger plants）。

想在野外实地观察到小昆虫被花柱草“暴打”需要足够的耐心，如果我们用细小的草梗刺激花柱草的花冠，就可以看到合蕊柱的“击锤运动”速度非常快，像上了弹簧一样，几乎看不清过程，含羞草和捕蝇草的感应速度都无法与之相比。“击发”几分钟后，花柱草的合蕊柱才会慢慢张开，再过几十秒或几分钟后可恢复到原先的位置。气温高的时候，合蕊柱恢复原位速度比较快。如果连续刺激合蕊柱，它的反应会变得迟钝，甚至不予理睬。

导致花柱草发生“击锤运动”的部位不是合蕊柱的基部，而是合蕊柱伸出花冠筒裂口的中间部位。合蕊柱外侧的细胞膨压增大，细胞的液泡充水膨胀，内侧的细胞不改变，致使合蕊柱 180 度弯曲为 U 形。花冠受到昆虫的刺激时，会引起合蕊柱细胞的膜电位改变，使原先膨压增大的细胞迅速将液泡内的水分排到细胞间隙，U 形合蕊柱瞬间伸直，就发生了“击锤运动”。

花柱草合蕊柱的“击锤运动”图解

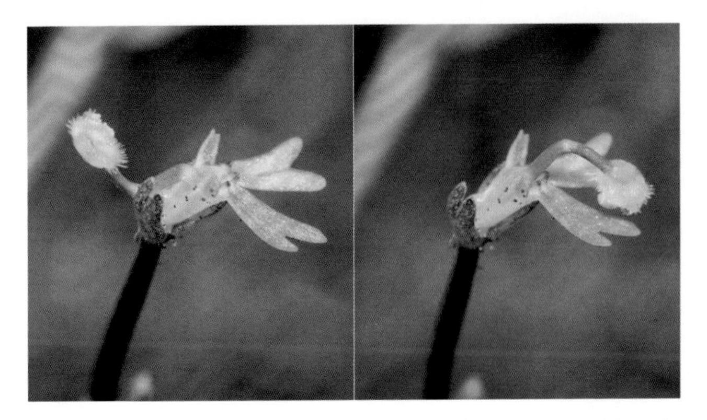

狭叶花柱草的“击锤运动”图解

花柱草的小花既不芳香也无花蜜，只靠花寇的颜色吸引昆虫来传粉“做媒”。难得有不斤斤计较的小虫子看上它，不料小虫子刚一落脚，就被合蕊柱当头一棒；虫子飞到另一朵花上，又被当头一棒！其他植物都会用花蜜“谢媒”，为花柱草“做媒”却捞不到半点好处，“媒”做成了，“媒人”反被暴打两顿！

作为中国原生种的花柱草和狭叶花柱草，共同生长在防城港市的草地上，填补了这个科在我国分布的空缺。所以说，柔弱的小草也有特殊的价值。

药食植物

除了五谷杂粮、蔬菜水果，田野上、森林里、房屋旁还有许多常见的植物被人们用作充饥的野菜或制成美味的小吃，又或者用于疗伤治病，这是长期以来人类通过生产生活积累的经验，是历代祖先生存智慧的传承。

向绿而生的蕨类

蕨类植物既不会开花也不会结果。说到它们，一般人大多会想到吃过的蕨菜，很少能说出蕨类的一两个典型代表，如肾蕨、铁线蕨、卷柏、巢蕨、满江红、桫椤等。

蕨类在植物界中的位置比较独特，它们是介于苔藓植物和种子植物之间的类群。蕨类因为通过孢子繁殖后代，与藻类、菌类、地衣、苔藓一起属于孢子植物；又因为有根、茎、叶的器官分化，生殖细胞受精后，合子会形成胚，属于高等植物；还因为根、茎、叶中具有能运输水分、无机盐和有机物质，并支撑起植物体的维管组织，与裸子植物、被子植物一起并列为维管植物。

蕨类的繁盛时期是石炭纪。那时候被子植物还没有出现，恐龙时代生态系统中能进行光合作用的生产者正是蕨类植物，其中的树蕨“一手遮天”，构成了高达 20 至 30 米的蕨类森林，是恐龙的主要食物。中生代前，蕨类植物发生了大灭绝，远古的大型蕨类植物全部死亡，植物体被堆积、埋藏到地下，千万年后变成了化石，就是今天的煤炭。

随着地球上裸子植物和被子植物的兴起，远古时代的蕨类只有矮小的类型能幸存下来。现存的蕨类植物约有 12000 种，广泛分布于世界各地，以热带和亚热带地区最为丰富。中国约有 2600 种，主要分布在华南和西南地区，广西大约有 830 种。绝大多数蕨类是多年生草本，有陆生也有附生，还有少数水生和缠绕攀缘，偶尔有高大乔木状。

桫椤是现存的蕨类植物中最高大的种类，树干粗壮不分枝；叶大型，簇生于茎干顶端，二至三回羽状深裂，形成辐射对称的树冠。孢子囊群呈圆形，着生于叶脉的背面。广西有 6 种桫椤类植物，各地原始森林沟谷中常见的桫椤（*Alsophila spinulosa*）和黑桫椤

桫椤的叶柄上有刺

（*Gymnosphaera podophylla*），树干通常有两三米高，如果想区分两者，可以看它们的叶柄：叶柄有棕黑色鳞片的是黑桫椤，叶柄有刺的是桫椤。它们都是国家二级重点保护野生植物。

槲蕨（*Drynaria roosii*）通常螺旋状攀附在森林和村边、公园、街头的绿化树树干上，它的根状茎是中药“骨碎补”，可治跌打损伤、腰膝酸痛。槲蕨有两种叶：基生的不育圆形叶，呈黄绿色或枯棕色，厚干膜质，不会长孢子囊；正常能育叶的叶片长 20 至 45 厘米，宽 10 至 20 厘米，深羽裂，裂片 7 至 13 对。

槲蕨和绝大多数蕨类植物都是在叶片背面长出孢子囊群，每个孢子囊群有几十甚至上百个孢子囊，经过几个月的孕育，孢子囊成熟时像蒴果一样裂开，里面蹦出几十个微小如尘埃的孢子。孢子不能直接长成一株新槲蕨，而是先萌发成一个只有几毫米宽的心形原叶体，原叶体再产生精子和卵子，精子在潮湿有水的前提下游动找到卵子进行结合，受精卵发育成胚胎，最后才能长

槲蕨的孢子囊群

黑桫椤的叶柄有棕黑色鳞片

成一株新槲蕨。

瓶尔小草（*Ophioglossum vulgatum*）常被采为药用，中药名叫“一支箭”。它有一簇肉质的粗根，在地下四面横走，择机生出新的植株。冬季无叶，春季才从草坪上长出叶来。营养叶通常只有 1 片，呈卵状长圆形；孢子叶从营养叶基部生出，高出营养叶之上，形成孢子囊穗，聚生许多圆球形的孢子囊；孢子囊壁由多层细胞构成，这是蕨类植物原始种类的性状。

金毛狗（*Cibotium barometz*）的名称源于它的叶柄基部长有一大丛金光闪亮、长达 10 厘米的茸毛，形如

槲蕨通常附生于树干上

金毛小狗。它生于山麓沟边和林荫下的酸性土壤上，根状茎卧生，粗大，顶端生出一丛大叶；叶片三回羽状分裂，背面灰白或灰蓝色；孢子囊群生于能育裂片下部的小脉顶端，囊群有蚌壳状硬盖，成熟时才打开硬盖露出孢子囊群；孢子为三角锥状的透明四面体形。金毛狗的根系发达，对防止山坡水土流失有很大的作用。金毛狗因根状茎有强肝肾、健骨、治风虚的药效而被人类滥挖，现已被列为国家二级重点保护野生植物。

海金沙（*Lygodium japonicum*）是攀缘植物，常见于灌木丛中。它的叶轴可以无限生长，缠绕攀缘可高达4米；羽片为一至二回二叉掌状或羽状复叶式；能育羽片边缘生有流苏状的孢子囊穗，囊穗由两行并生的孢子囊组成；孢子囊生于小脉顶端。成熟孢子呈棕黄色，海金沙的植物名也由此而来。李时珍《本草纲目》记载海金沙能治湿热肿满，小便热淋、膏淋、血淋、石淋，茎

痛，解热毒气。

满江红（*Azolla imbricata*）是小型漂浮蕨类植物，生于水田和静水沟塘中，植物体呈卵形或三角状，假二歧分枝，下生须状不定根；叶小如芝麻，叶片深裂分为背裂片和腹裂片两部分，绿色，秋后常变为紫红色。满江红可以作稻田绿肥，也可以作饲料。

满江红是水生的蕨类植物

苏铁蕨（*Brainea insignis*）是单种属植物，常生于荒坡，因形体很像苏铁而得名。苏铁蕨和苏铁一样有直立主茎；叶簇生于主茎的顶部，叶片一回羽裂；孢子囊群沿羽片背面主脉两侧的小脉着生，成熟时布满羽片的背面。苏铁蕨是古生代泥盆纪的孑遗植物，与白垩纪灭绝的种子蕨相近，它虽然没有真正的种子，却有球形胚，是蕨类植物向裸子植物过渡的中间类型。因此，苏铁蕨对于研究植物的物种进化有着重要的意义，是国家二级重点保护野生植物。

顶端卷曲是蕨类植物幼叶的经典造型，古代称为“拳菜”或“蕨拳”，水蕨、紫萁、菜蕨等多种蕨类的嫩叶可以食用，是味道鲜美的山珍野菜。除了上面提到的半边旗、肾蕨和卷柏，其他如石松、蛇足石杉、石韦等很多蕨类自古以来也被广泛应用于医药上，造福人类。蕨类植物是森林植被草本层的重要组成部分，它对森林的生长发育有重大影响。在城市绿化中，蕨类植物又以四季的翠绿枝叶来衬托开花植物一时的姹紫嫣红。

苏铁蕨有粗大的主茎，体形似苏铁，孢子囊长在羽片背面主脉两侧

道地药材“桂十味”

从华佗的麻沸散到屠呦呦的青蒿素，几千年来中华民族在与疾病斗争的过程中，发现和掌握了各种植物对人类疾病、伤痛的治疗功效，中医药为中华民族的繁衍生息做出了巨大贡献，也对世界文明进步产生了重要影响。广西的壮族、瑶族还有本民族特色的壮药、瑶药体系，这些医药体系也是中医药文化的组成部分。

广西的绿水青山孕育了丰富的中草药资源，其中有肉桂、罗汉果、八角、广西莪术、龙眼、山豆根、鸡血藤、鸡骨草、两面针和广地龙等 10 种中药材，与其他地区所产同种中药材相比，品质和疗效更好，而且质量稳定，具有较高知名度，被列为广西道地中药材“桂十味”。

肉桂药材之桂皮

肉桂（*Cinnamomum cassia*），因名字中有个与广西简称相同的“桂”字而令人倍感亲切。肉桂是樟科木本植物，叶三出脉；花序腋生或顶生；果实椭圆形，有浅杯状果托。肉桂树全身都是宝：树皮加工成肉桂，嫩枝加工成桂枝，果实加工成桂子，枝叶可以蒸馏出桂油。肉桂具有补火助阳、引火归原、散寒止痛、温通经脉的功效，它以“剥皮剔骨”的牺牲成全了人类药用及调香料的需求。

人工栽培的肉桂树，造林 15 至 20 年后砍伐，树皮较厚，经济效益高。广西肉桂以产自西江流域周边地区的“西江桂”和防城港至大新一带的“东兴桂”为多，广西肉桂种植面积及桂皮产量均占全国的 60% 以上，而且具有皮厚、色泽光润、含油率高、味辛香偏辣、药用和调香兼优等特点。

肉桂的叶和果实

罗汉果（*Siraitia grosvenorii*）是葫芦科多年生攀缘藤本植物，关于它为什么叫罗汉果有各种传说。清道光十年（1830 年）纂修的《修仁县志》中记载“罗汉果可以入药，清热治咳，其果每生必十八颗相连，因以为名”；另有传说在 200 多年前，永福县有一个名叫罗汉的乡村医生，最先用这种野果为民众治疗咳嗽等病，大家为了纪念他，把这种野果称为罗汉果。永福县种植罗汉果已经有 300 多年历史，龙胜各族自治县也有 200 多年的种植历史，我国 90% 的市售罗汉果产于这两个县。

罗汉果具有清热润肺、利咽开音、滑肠通便之功效。在广西，罗汉果的茶饮用途多于专门入药。罗汉果中所含的罗汉果糖苷是一种非糖类物质，它不是糖却比糖更甜，是一种零热量的纯天然代糖甜味剂，完全可以代替蔗糖、果糖等糖类做成食品添加剂。

罗汉果

八角（*Illicium verum*）属木兰科，其果实既是中药材，又是北方烹饪食品用的调味“大料”。八角在宋代之前就来自“番舶”（外国商船），因其果常由8个蓇葖，气味与草本的茴香相似，所以叫八角茴香。广西素有“八角茴香之乡”美称，种植面积及产量占全国的85%，主产于广西西部和南部。果实角瓣粗短、果壮肉厚、气味芳香而甜是广西八角茴香的显著特点。八角具有散寒止痛、理气和胃、通窍提神之效，八角叶还可以蒸馏出八角油。

八角水煎剂对常见的病菌有较强的抑制作用，也是合成抗流感病毒的有效药物“达菲”的重要原料。市场上有将红毒茴、红茴香、红花八角等同属植物的果实冒充作八角的情况，伪品的蓇葖小果多达十几个，或者蓇葖小果较瘦小弯曲、头尖如鸟喙，久尝有麻舌感。这些

八角

混淆品均有毒性，不可药用。

广西莪术（*Curcuma kwangsiensis*）是姜科一种草本植物，它地下长着有节的肉质根状茎，与我们厨房常用的姜一样。根状茎部分是一种中药材，叫“莪术”；根状茎周围的根末端膨大，形成纺锤状的块根，这是另一种中药材，叫“郁金”。广西莪术是传统中药莪术和郁金的基原植物之一，由于它的叶子较狭、有毛，为了区别于其他同属植物，有时药材特称“毛莪术”和“桂郁金”。

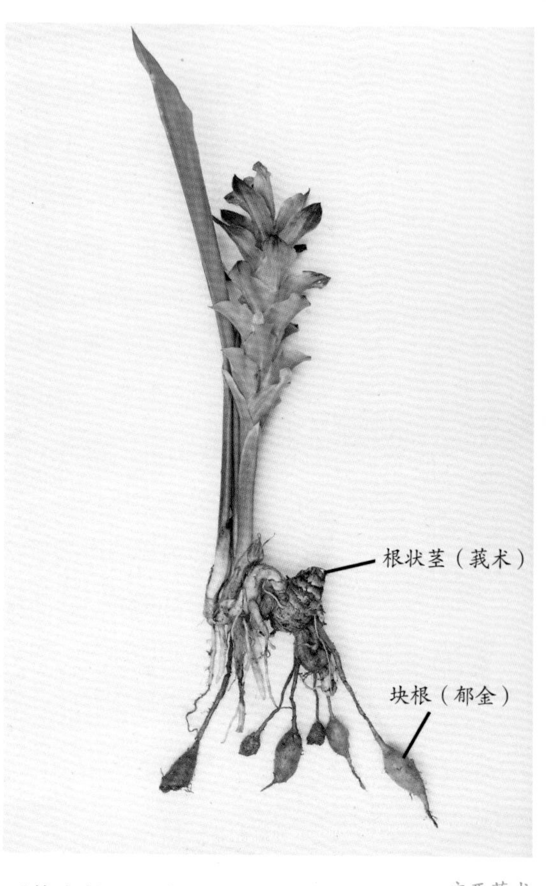

广西莪术

姜科姜黄属的多种植物都产莪术和郁金，野生莪术以广西莪术数量最多。广西每年可产莪术 2 万吨，其中钦州、玉林、梧州等市栽培面积较大。莪术有行气破血、消积止痛的功效，郁金有止血抗凝、抗炎镇痛、保肝利胆的功效。

龙眼（*Dimocarpus longan*）是无患子科的果树。作为新鲜水果时被称为“龙眼”，整个果实带皮晒干叫“龙眼干”，剥皮去核的果肉晒干叫“龙眼肉”，而有时它们都被统称为“桂圆”。

龙眼原产于我国南部亚热带地区至越南南部热带区域，现在广西、广东 、云南、四川、福建等省区广为种

龙眼

植。由于广西与越南的地理和气候环境相近，从清代开始，就有以广西龙眼为佳的记录，南宁、玉林、钦州、贵港、崇左、来宾等地是龙眼的主产区。作为水果，龙眼鲜嫩多汁、纯甜不酸、口感舒爽；作为中药材，无论煲汤还是熬药，龙眼肉均有补益心脾、养血安神的功效，因富含糖类、脂类、核苷类等多种营养成分而成为滋补良药。

中药材“山豆根”是豆科植物越南槐（*Sophora tonkinensis*）的根。越南槐喜生于亚热带或温带的石灰岩山地灌木林中，是喀斯特地区典型的药用植物，在我国主要分布于广西、广东、江西、四川等省区，其中在广西的分布面积最大，资源蕴藏量占全国总蕴藏量的86%，而且所产山豆根具有质坚硬、难折断、豆腥气浓、味极苦等特点。山豆根具有清热解毒、消肿利咽之效，主要用于治疗咽喉疾病。

中药材“鸡血藤”是豆科植物密花豆（*Spatholobus suberectus*）的藤茎。在统一药材标准之前，全国各地的“鸡血藤”有不同科属的基原植物，直到1977年才把使用时间长、应用面广、产量大的密花豆载入《中华

越南槐的花枝

人民共和国药典》，其他基原植物仅作为各省区的地方用药。密花豆藤茎的横切面呈椭圆形，新鲜切口在韧皮部及木质部年轮的大导管腔内有棕红色分泌物渗出，故名鸡血藤。

密花豆在我国的分布地域较狭窄，主要分布于云南、广西、广东和福建等省区，生于海拔 800 至 1700 米的山地疏林或密林沟谷或灌木丛中。广西的密花豆种植面积超过 1 万公顷。“鸡血藤”具有活血补血、调经止痛、舒筋活络之效。

中药材“鸡骨草”是豆科植物广州相思子（*Abrus pulchellus* subsp. *cantoniensis*）的全株。广州相思子主要分布于广东、广西等地，为我国特有种，因其最先发现于广州白云山而称广州相思子。广西境内主要分布于东部和南部，晒干的鸡骨草具有利湿退黄、清热解毒、疏肝止痛之效。由于广州相思子资源日渐减少，

密花豆的花枝

中药材“鸡血藤”

它的同属植物毛相思子也被充当鸡骨草药材使用。毛相思子的茎较粗，茸毛较多。

中药材“两面针”是芸香科植物两面针（*Zanthoxylum nitidum*）的干燥根。两面针幼龄时为直立灌木，成龄植株为攀缘木质藤本；羽状复叶，因小叶两面均有棘刺，故名两面针。两面针主产于广东和广西，在广西主要分布于南宁、钦州、贵港、玉林、梧州、贺州等地。两面针药材具有活血化瘀、行气止痛、祛风通络、解毒消肿之效。

中药材的来源并不仅限于植物药，还包括动物药和矿物药，“桂十味”中的“广地龙”就是钜蚓科参环毛蚓（*Pheretima aspergillum*）的干燥体。它与道地药材“广西蛤蚧”和“合浦珍珠”一样，体现了动物药在广西丰富的中药材资源里的优势，为广西中医药产业增光添彩。

广州相思子的花枝

植物的天然染料

人类在漫长的历史中，通过实践总结出各种植物对自己生活的实用价值，除果腹的粮食和治病保健的中草药外，植物还被应用于改善和美化生活。在周代，人们就懂得利用植物的天然特性，提取五颜六色的染料来改变纺织物的颜色，使服装变得缤纷多彩。

如果按照提取物的颜色来分类染料植物，染红色的有苏木（*Biancaea sappan*）、染色茜草、红花等；染黄色的有栀子（*Gardenia jasminoides*）、密蒙花（*Buddleja officinalis*）、姜黄（*Curcuma longa*）等；染蓝色的有蓼蓝、菘蓝、木蓝、板蓝（*Strobilanthes cusia*）、蝶豆（*Clitoria ternatea*）等；染紫色的有紫草、红蓝草、野苋、落葵等；染绿色可以用菠菜，或按三原色相加得三间色的原理用上述染黄色与染蓝色的植物调配而成；染灰色与黑色的有枫香树（*Liquidambar formosana*）、南烛（*Vaccinium bracteatum*）、盐麸木、乌桕等。大多数染料植物的色素是水溶性的，可以直接溶于水中，而有的植物的色素必须有媒染剂络合才能被提取出来。

明末宋应星的《天工开物》记载："凡蓝五种，皆可为靛。""蓝五种"分别为菘蓝、蓼蓝、板蓝、木蓝、苋 5 种植物，"靛"则是深蓝带紫色的意思。靛蓝是人

板蓝是中药也是染料

类使用最古老的色素之一，世仪居住在广西百色、河池的一个瑶族分支因善于染制靛色的土布而被称为“蓝靛瑶”。他们用的染料植物是爵床科植物板蓝，每年四五月种植，八九月收割；收割后在池子里泡浸四五天，捞出靛渣后，加入生石灰搅拌，靛水由绿变蓝，两天后过滤靛汁就得到了沉淀的靛膏。李时珍在《本草纲目》中说：“靛乃蓝与石灰作成，其气味与蓝稍有不同，而其止血拔毒杀虫之功，似胜于蓝。”染布时，瑶族人民根据不同的需要，在蓝靛染缸里添加适量的冷水或白酒，用冷染或热染的不同方法，把白色的麻布染成黑色、深蓝色（俗称藏青色）和紫红色（俗称洋青色）。板蓝本身就是一种清热解毒的中药，靛蓝染色的衣服也许是瑶族同胞在大山深处抵御疾病疮毒最好的保健服。

植物染料还成全了人类对食物“色香味俱全”中第一感官——视觉的审美要求。壮族地区在清明节及农历三月三有制作五色糯米饭祭祀祖宗的传统习俗，黑、白、红、黄、紫 5 色中，除了白色是用糯米的原色，其余 4 种颜色都是用植物做染料的。

染黄色的植物有几种可选，栀子的果实、密蒙花的带花嫩枝或姜黄的根状茎。染红色和紫色的是两种相似植物的茎叶，民间统称为红蓝草，其实它们是有区别的：叶子有毛、花稍大的是观音草（*Peristrophe bivalvis*），作红色染料；叶子无毛、花稍小的是九头狮子草（*P. japonica*），作紫色染料。这 3 种颜色的染色植物的处理方法比较简单，只要分别放到不同的锅中用水煮开，就可以加入糯米浸泡染色。

黄栀子的果实作黄色染料

密蒙花的带花嫩枝可以作黄色食品染料

姜黄的根状茎可以用于染黄色

观音草

九头狮子草

染黑色糯米常用的是枫香树，染色过程稍微有点复杂。枫香树就是南方冬天看到的红叶树种之一，俗称枫树，它的果实是中药“路路通”，其树干还可以像松树一样割树脂，得到枫香膏。枫香树是金缕梅科的落叶乔木，秋末初冬，天气渐凉，枫树叶子里的叶绿素减少，黄色的类胡萝卜素占主导地位，叶子就由绿变黄；寒潮霜冻会加速红色的花青素形成，叶子就由黄变红，然后全部掉光。清明时节，新长出来的枫叶角质层还没有变厚，采下来剁碎，让叶子里的鞣酸析出；用铁锅加水浸泡发酵一两天后，鞣酸与铁反应先变成水溶性的鞣酸亚铁，再氧化成黑色的鞣酸铁沉淀，染色前将染料加热到50℃可以提高色素溶解度，再放入糯米浸泡染色效果更好。

枫香树的叶子是做黑色糯米饭的首选

黑、红、黄、紫色的糯米均须染色 5 至 6 小时，不染色的糯米也同时用水浸泡。最后，把黑、白、红、黄、紫 5 种颜色的糯米沥干水，放进锅中隔水蒸 30 至 40 分钟，香喷喷的五色糯米饭就做好了。

杜鹃花科的南烛嫩叶也可以制作黑米饭。唐代陈藏器《本草拾遗》记载的“乌饭法，取南烛茎叶捣碎，渍汁浸粳米，九浸九蒸九曝，米粒紧小，黑如瑿珠，袋盛，可以适远方也”,这相当于现代的速食快餐了。浙江、江苏、湖北、湖南、江西、四川、贵州、安徽等省的百姓仍保留在农历四月吃乌米饭的习俗，只是改为现做现吃，方法与用枫香树叶制作的相似：把南烛的嫩叶洗净沥干水，切细放入盆中揉搓至烂，加水浸泡 2 小时以上，过滤渣叶就得到了制作乌米饭的汁水；用乌米汁水浸泡糯米 2

南烛又叫珍珠花、乌饭树

小时以上，然后像平时煮饭一样将其煮熟即可食用。

苏木的心材既是一种中药，也常被人用作红色染料。家里有孩子满月时，大家都会向亲戚朋友同事发红鸡蛋，有人用红纸、化学染料给鸡蛋染色，不仅食品安全没有保障，还会染红剥鸡蛋的人的手。如果把鸡蛋与苏木一起放在水中煮熟，蛋壳就会染上深红色，剥蛋时也没有染手之虞。

蝶豆是豆科植物，花深蓝色，像一只漂亮的蓝蝴蝶。它原产于印度，现在世界各热带地区广泛栽培为观赏植物，我国东南沿海省区均有栽培。蝶豆花的花青素含量

苏木的心材可以作红色染料

是一般植物的10倍，是天然的蓝色食用染色剂，鸡尾酒和一些糕点中的蓝色就是用它调成的。把几朵晒干的蝶豆花放进玻璃杯，泡上开水，马上就能得到一杯妖艳的蓝色花茶，加入柠檬汁还会让茶水变成紫红色。蝶豆花富含花青素和多种维生素，可提高人体免疫力和抗氧化能力，有一定保健作用。但是蝶豆花含有促进子宫收缩的成分，孕妇不宜食用。

勤劳的各族人民积累祖祖辈辈的聪明才智，利用植物的天然特性，把生活装点得丰富多彩。

蝶豆的花可调出蓝色饮品

野草野果做美食

每逢清明时节，人们要祭祀祖先，除了鸡鸭鱼肉，广西人常用艾糍粑做祭品。由于还可以在祭祀的路上充饥，久而久之艾糍粑就成了一种民间的美食小吃。

制作艾糍粑的关键原料艾草是菊科植物艾(*Artemisia argyi* ）或五月艾（*A. indica*）的嫩叶。每年的三四月，

艾

艾草长出了新叶，山野随处可见，唾手可得。制作艾糍粑时，先将采摘的嫩叶清洗干净，用沸水煮 2 分钟，捞起沥干水，然后剁碎，再与糯米粉搓揉成绿色的糕团。艾糍粑常以芝麻、白糖或豆沙做馅，还可以根据不同的口味进行调配。将包好的糍粑用波罗密、柚、苹婆或芭蕉的叶子垫底，以免互相粘连，同时也增加了植物的香味。最后放进蒸笼蒸煮 20 至 30 分钟即可食用。

艾草在《神农本草经》和历代本草书中被记述为“白蒿”或“白艾”，实际上可能包括艾或五月艾的近缘种。艾草是常用中药，有温经、祛湿、散寒、止血、消炎、平喘、止咳、安胎、抗过敏等功效。传统农耕还将艾草用作田间杀虫的农药。有的地区的农村过去还用艾草熏房间来

五月艾

驱蚊杀虫，还延伸作为端午节驱邪的必备之物。

广西各地还有人喜欢用一种叫“白头翁”的野草做糍粑。四月，桂林地区阴雨连绵，人们认为吃白头翁糍粑可以驱除瘴气。“白头翁”是菊科植物鼠曲草（*Pseudognaphalium affine*），它生长在田边地头，茎叶披着白色厚绵毛，茎顶开出黄色的头状花序。制作糍粑时，摘其鲜嫩部分，先晒干，在使用时切碎煮熟，再捣烂掺进糯米粉中搓揉，工序与制作艾糍粑的方法相同，只是味道不一样。鼠曲草可以镇咳、祛痰，治气喘和支气管炎，还有降血压的疗效。

不管是艾糍粑还是“白头翁”糍粑，因为外表绿色，

鼠曲草

所以在江南地区被叫作“青团”。相传太平天国时期广西梧州藤县籍将领李秀成被清兵追杀、封锁，有农民将做好的艾糍粑混在青草堆中，躲过哨兵的检查，带进山中给他充饥。李秀成逃脱后，下令太平军都要学会做青团，意在御敌自保，于是青团这种美食得以在江南地区传开。

每年农历四月初八，都安瑶族自治县一些乡镇有吃麻叶馍的习俗。麻叶馍其实也是一种糯米糍粑，只不过它添加进糯米粉中的是荨麻科苎麻（*Boehmeria nivea*）的叶子。馅料同样是花生、芝麻及白糖，蒸煮时用芭蕉叶折叠包裹。墨绿色的麻叶馍与艾糍粑相比，别有一番风味。春节期间，玉林市容县及防城港市有同样的风俗，

苎麻

鸡屎藤

将木鳖子（*Momordica cochinchinensis*）的红色或黄色瓜瓤与糯米粉制作成木鳖糍粑，用鲜艳的颜色为过年增添喜庆的气氛。

鸡屎藤（*Paederia scandens*）是茜草科藤本植物，揉烂它的叶子会闻到一股鸡屎般的臭味。出人意料的是，它的叶子也可以用来制作成一种地方特色小吃——鸡屎藤粑。

每年农历三月三，北海市合浦人都要到村边地头寻找鸡屎藤，采摘它的叶子。人们把鸡屎藤叶煮成黑绿色的鸡屎藤汁与粘米粉和在一起，或者用鸡屎藤叶与泡过的粘米一起打成粉。将混合了鸡屎藤叶的粘米粉加水揉成团，用擀面杖把它擀成片状后蒸熟，粉片变为墨绿色，这就是鸡屎藤粑。食用时把粑切成条状，放入糖水中烧开，鸡屎藤粑糖水就可以上桌了。这种因植物名字不雅而被误解的“黑暗料理”，其实清香可口，全无臭味。因鸡屎藤有祛风除湿、消食化积、解毒消肿、活血止痛的功效，故鸡屎藤粑可谓是药食两用的小吃，是北海人每年农历三月三绕不开的情结。

薜荔（*Ficus pumila*）是桑科榕属的藤状灌木。常攀缘于其他树上或匍匐生长于石头、墙壁上，因为它的果实可以做凉粉，所以俗称凉粉果。薜荔雌雄异株，挂在枝条上像一个个秤砣的隐头果其实是花序托，花都隐藏在隐头果的内部。薜荔有 3 种花，雄花、瘿花和雌花。瘿花是专门为榕小蜂寄生产卵的不孕雌花，不能结果。雄花和瘿花生于瘿花果内，雌花生于雌花果内。榕小蜂孵化出来后，带着雄花的花粉从瘿花果开口飞出，再钻进雌花果内，完成传粉的任务。雌花果内的雌花结出数百上千的小瘦果，这是制作凉粉的原料。

薜荔在广西几乎一年四季都会长隐头果（壶状花序托），选择雌花果采摘，切开，取出里面的瘦果，用纱布包紧，然后放在适量的凉开水中反复搓揉，使果实的胶质溶进水中，再静置一两个小时，浸出液会凝固成晶莹剔透的黄色果冻，最后与蜂蜜或糖水搅拌，就是清香爽口的凉粉了。薜荔还有鬼馒头、木馒头、木莲的别称，清代《植物名实图考》记载“木莲即薜荔，自江而南，皆曰木馒头。俗以其实中子浸汁为凉粉，以解暑”。

可以做凉粉的植物还有唇形科的凉粉草（*Platostoma palustre*），又名仙人草、仙草，它是一年生草本，分布于广西、广东、福建等地，生长在水沟边和沙地上。

薜荔的壶状花序托叫隐头果，雌雄异株

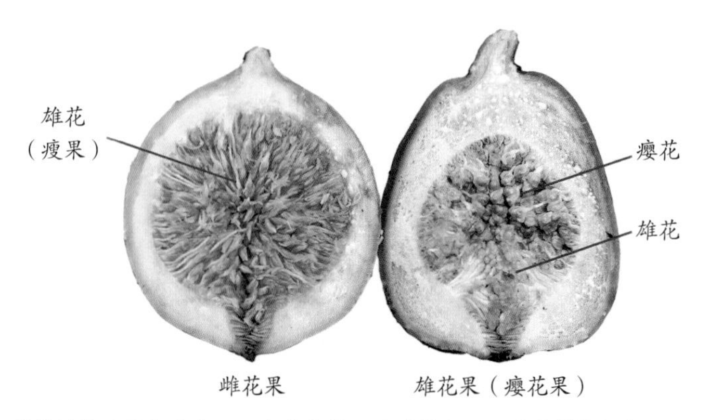

薜荔的隐头果分雌雄，只有雌花果里的瘦果才可以用于制作凉粉

凉粉草的叶对生，形状像薄荷，但没有薄荷的香味；顶生总状花序，花冠白或淡红色。民间常采割凉粉草来制作凉粉：将茎叶清洗干净，用适量的水煮几分钟，捞出茎叶搓碎过滤，收集汁液，煮草的水也可以利用，只丢弃草渣；另取生粉或粘米粉加水调和，倒进凉粉草的汁液中，加入少量食用碱，慢火烧煮，边煮边搅拌，凉粉草中的类黄酮物质遇碱变黑，烧开或至黏稠状时关火；

把凉粉草凝胶倒进另一容器中，冷却后就是黑色的凉粉。食用时将凉粉切成小块，拌上糖浆就有爽滑可口的味道。

凉粉草是药食两用的资源植物，全草富含多糖类物质，有消暑、清热、凉血、解毒的功效。《本草纲目拾遗》记载："仙人冻，一名凉粉草，出广中。茎叶秀丽，香犹藿檀，以汁和米粉食之止饥。山人种之连亩，当暑售之。"市面上的凉茶、烧仙草、龟苓膏都有凉粉草的成分。

利用本土植物制作的特色美食是广西人舌尖上的享受，也是外出的八桂游子对故乡的不灭记忆。

凉粉草

后记

我上大学读的是生物专业，毕业后从事科普工作。凭着对植物的喜爱和求知欲，我经常“拈花惹草”，在力所能及之处拍摄植物照片，遇到不懂的就向专家请教，日积月累，熬成了业余的“植物人”。

植物世界隐藏着许多神奇和奥秘，一个人毕生都无法探索全部。但我仍然想将自己二十年来探究植物的收获，编写成图文并茂的科普书，分享给读者，但愿能为读者走进大自然提供半块“敲门砖”。

感谢广西药用植物园、广西植物研究所、南宁植物园、广西大明山国家级自然保护区、广西雅长兰科植物国家级自然保护区、广西大瑶山国家级自然保护区、广西九万山国家级自然保护区，这些单位多年来为我研究植物提供了便利。

感谢刘演、余丽莹、黄云峰、彭定人、林建勇、李治中、韦毅刚、吕惠珍、朱意麟、罗应华、农东新、周丕宁、邓振海、谭海明等专家多年来对我的支持和帮助，更多老师、朋友的付出都融在本书的字里行间。书中的照片除署名者外，均由本人拍摄。谬误之处，请方家指正！

吴双

2023 年 6 月